闽南师范大学学术著作出版专项经费资助

闽南农业网络信息
资源的整合研究

刘赜宇　著

U0305570

中国农业出版社
农村读物出版社
北　京

图书在版编目（CIP）数据

闽南农业网络信息资源的整合研究 / 刘赜宇著. —
北京：中国农业出版社，2023.7
　　ISBN 978-7-109-30881-7

　　Ⅰ.①闽…　Ⅱ.①刘…　Ⅲ.①农业－信息资源－资源
管理－研究－福建　Ⅳ.①S-058

中国国家版本馆 CIP 数据核字（2023）第 125867 号

中国农业出版社出版
地址：北京市朝阳区麦子店街 18 号楼
邮编：100125
责任编辑：张　丽
版式设计：杨　婧　责任校对：吴丽婷
印刷：三河市国英印务有限公司
版次：2023 年 7 月第 1 版
印次：2023 年 7 月河北第 1 次印刷
发行：新华书店河北发行所
开本：700mm×1000mm　1/16
印张：11.5
字数：204 千字
定价：58.00 元

序

　　近年来，我国网络信息资源建设取得很大进展。信息资源的整理、开发、利用是信息化建设的重要内容，也是高校特色资源信息化的持续发力领域。随着大数据、云计算、物联网和人工智能等技术的广泛应用，信息资源的载体类型多样、数据异构多源、增长迅速、数量巨大，这就使得网络信息资源必须得到有效的二次整合、质量控制、有序存储和检索展示。"闽南农业网络信息资源的开发与利用"正是作者在此背景下提出的研究课题。构建拥有海量、多样化信息的闽南农业网络信息资源平台，可为闽南地区乡村振兴和农业高质量发展提供坚实的文献资源基础。

　　本书是作者多年研究高校图书馆图书情报技术的实践成果，系统全面地介绍了闽南农业网络信息资源平台的建设过程。全书围绕农业网络信息资源内涵、网络信息资源整合必要性与原则、服务定位、资源整合技术理论和技术层次框架、资源整合模式以及资源整合应用等方面展开系统全面的阐述，在网络调研的基础上，分析了闽南农业网络信息资源的建设需求现状，根据闽南农业网络信息资源整合的目标及内容确立了技术实现方案，选型对比提出了基于开源 DSpace 机构库的整合平台，从总体架构、功能设计、异构资源跨库整合、功能拓展、保障体系及政策支持等方面提出了平台实施构想。

　　本书在理论上，能丰富和完善闽南农业信息资源整合、开发、利用和管理的相关理论体系；在实践上，可推动我国农业网络信息资源的开发与利用。书中运用比较、优选、实证等研究方法，全面系统、客观、具体地阐述了闽南农业网络信息资源的整合过程，为开展相关业务实践提供了较为系统的实证数据；为客观评价闽南地区目前的信息化发展水平及网络经济规模提供了很好的参考建议；为相关决策部门在发展战略、规划、对策方面提供了信息资源保障和智库服务。

闽南师范大学图书馆馆长　陈添源

2022 年冬

前　言

　　伴随着农业信息化的快速发展，闽南农业网络信息资源日渐丰富，但是闽南农业网络信息资源缺少一个统一的平台，这在一定程度上降低了农业相关人员查找信息资源的效率。同时，福建省政府提出了厦漳泉共建一批重大科技创新平台，统筹规划厦漳泉大都市区内信息基础设施，实现公共服务信息一体化等目标。为了达到这一目标，有必要进行闽南农业网络信息资源的整合。

　　加强闽南农业网络信息资源的整合，可以促进闽南地区农村市场的可持续发展和农业产业结构的科学化，提高生产力水平和农民的收入水平，也可以开阔农民的视野，符合国家建设新农村的要求。因此，开展闽南农业网络信息资源的整合研究，有助于加快实现闽南地区的农业现代化，促进农业现代化的跨越式发展，促进信息资源服务于"三农"。

　　本书首先介绍了相关概念界定及信息资源、网络信息资源、农业网络信息资源内涵，总结了我国国家信息化建设中的网络信息资源整合与服务定位，农业网络信息资源整合的必要性与原则、内容及模式，农业网络信息资源整合技术理论和整合技术层次框架、平台构建及应用。其次，分析了闽南农业网络信息资源的现状和整合的必要性，然后进一步阐述了基于 DSpace 的闽南农业网络信息资源整合方案和闽南农业网络信息资源整合平台的架构实施构想。最后，阐述了闽南农业网络信息资源整合功能保障体系构建和政策支持，以及农业网络信息资源相关案例摘编。

　　本书通过基于 DSpace 的网络信息资源平台的实施构想来研究闽

南农业网络信息资源的整合，有助于进一步加快闽南农业信息化的发展和利用农业信息资源来服务"三农"。同时，本书在研究内容和思路上具有一定的理论创新，可以丰富该领域的研究。

著　者

2023 年 2 月

目 录

序
前言

1 绪论

1.1 选题背景

2022年中央1号文件（《中共中央 国务院关于做好2022年全面推进乡村振兴重点工作的意见》）提出，大力推进数字乡村建设。推进智慧农业发展，促进信息技术与农机农艺融合应用。加强农民数字素养与技能培训。以数字技术赋能乡村公共服务，推动"互联网＋政务服务"向乡村延伸覆盖。着眼解决实际问题，拓展农业农村大数据应用场景。加快推动数字乡村标准化建设，研究制定发展评价指标体系，持续开展数字乡村试点。加强农村信息基础设施建设。

我国传统的农业生产是依靠大规模投入生产要素的外延式、粗放式生产，农业供给侧结构性改革强调当前农业生产方式要向以效率为中心的发展方式转变。农业信息资源是农业信息化的重要内容，与农业能源资源和农业物质资源一起构成现代农业生产的三大资源。农业信息资源逐渐在农业现代化发展中显示出新的动力。在发达国家，农业信息化发展体系成熟，农业信息资源的开发与应用已进入农业产业化发展的各个阶段。受制于我国相对落后的农业信息化水平，我国农业信息资源积累不足。在积累有限的背景下，农业信息资源如果不能得到充分的利用，相应地也会制约我国农业信息化水平的提高。因此，在目前情形下，研究当前我国农业信息资源整合与服务及其受外部环境因素影响情况，对于提高我国农业信息化水平具有重要意义。

随着大数据、互联网、云计算等现代信息技术的快速发展与广泛应用，新的信息资源组织、传播和利用形态正在形成，并且深刻影响着科技创新、生产经营、管理决策等各类活动的实施方式和效果。在科研领域，面对用户所表现出来的愈加迫切的专业化、个性化、知识化科技信息资源及服务需求，如何利用现代信息技术，进行专业领域信息资源的深度加工、组织、关联与挖掘分析，为科学研究提供深层次、高质量的知识服务，帮助用户更好地应对日益复杂的科研环境，已成为图书馆等专业信息资源建设及服务机构亟待研究的重要课题。农业专业图书馆从科学研究的方向与视角出发，对农业信息资源领域

（即学科领域）的信息资源整合与服务展开研究，以寻求能够满足当今农业科研人员专业领域资源与服务需求的内容、方式与途径，为国家农业科技创新提供优质的资源保障与先进的服务支持。

1.1.1 数字科研信息环境下图书馆进入新常态

当今社会，科技信息资源和数字环境发生了革命性变化，图书馆面临着巨大挑战。大数据技术的广泛应用，使人们真正进入了"数据大爆炸"的时代，科学研究、社交网络、互联网等领域的数据呈指数增长。图书馆作为当前社会的信息服务"重镇"，不可避免地受到大数据浪潮的强烈冲击。包括中国农业科学院国家农业图书馆（简称"国家农业图书馆"）在内的各类图书馆，都面临着对馆内外海量数字资源的采集、整理、加工、组织、服务、保存与管理的系列问题与挑战。一方面，图书馆要处理完成用户日渐多元化和个性化的信息需求而不断扩大资源建设类型、范围和规模；另一方面，图书馆要增强大规模信息资源整合重组、深度揭示和语义化组织的建设力度，提供更加智能化、深层次的知识服务。为科研用户提供系统全面、高度关联的信息资源和个性化、专业化、高效便捷获取知识服务的模式，成为未来专业图书馆发展的主要趋势与核心问题，是数字科研信息环境下图书馆要应对的新常态。

1.1.2 信息资源建设向深度关联整合聚焦转变

在大数据时代，数据来源变得多种多样，包括科技文献资源、科学实验数据、种质资源、物联网数据、社交网络数据、移动互联数据等。然而由于不同的资源分布在不同的数据库中，并且数据的结构、存储方式、组织方式、管理方式等各不相同，信息资源处于高度分散和混乱无序的状态。因此，尽管周围充斥着丰富多样的资源，但是用户检索出来的是大量非结构化、参差不齐的数据结果，这极大地影响了用户获取信息的效率和资源的共享程度。要想改变这种状况，就需要对图书馆的信息资源进行深度关联、整合，使其标准化、规范化。通过运用叙词表、本体、关联数据等在内的知识组织工具，对海量网络信息资源进行深度序化、语义组织和挖掘分析，可实现由信息组织向知识组织的转变，从而促进科技文献信息服务向知识服务跃升。

1.1.3 科学研究第四范式需要新资源服务模式

伴随着数字科研、数字研究、数字学习时代的到来，云计算、云服务及大数据技术的强烈冲击，数据的爆炸式增长，科研用户的信息环境发生了翻天覆地的变化，正朝数据密集型、多元开放共享、知识发现的方向发展，科学研究已进入第四范式。科学研究第四范式是一种用于数据密集型科学研究的新的科研模式，主要由数据的采集、管理和分析三部分组成，其核心是计算机领域科学家与其他领域科学家协同研究工作的需求，即两个领域的专家平等互助、共同努力，来推动并丰富科学发现。而从海量数据中发现数据的共性和客观性，成为科学研究中必不可少的部分，展现了科学研究第四范式（简称第四范式）的应用潜力和吸引力。科学从经验科学到理论科学再到计算机科学，现在发展到数据密集型科学，科学范式也相应地从经验范式发展到理论范式再到计算机模拟范式到第四范式。科研用户迫切需要新资源服务模式为其科研活动提供支撑，主要表现在以下几个方面。

1. 信息资源整合及精品、特色、关联信息资源需求

面对日益复杂的科技问题，农业科研人员的信息需求也从单一文献信息需求向多元综合信息资源体系需求，从简单文献查找获取需求向知识内容单元及其挖掘分析需求演变。农业科技信息资源种类繁多、结构迥异、增长迅速，多维农业科技大数据的格局正在快速形成，而传统的信息资源组织与整合方法已无法满足大规模、多来源、多结构农业信息资源的组织管理，更无法满足用户多样化、个性化、知识化服务和内容分析计算需求，这就需要对信息资源进行碎片化加工、实体化标注、精细化描述、知识化组织、语义化关联及开放化整合，最终形成精品信息资源，提供给用户满意且超出其预期的信息资源保障。

2. 面向问题解决、专业化、集成化、精品化、知识化的服务需求

基于网络的各类科技文献信息服务系统的大量出现，尽管已极大地方便了科研人员进行科技文献的获取，但当前科研用户已不再满足简单的文献查找和获取。面向学科发展与科研过程中复杂多变的情报需求，科研用户对深层次的面向问题解决的学科竞争情报服务需求更加迫切。图书情报领域人员应该设法帮助科研人员及时获取专业领域国内外研究的现状、跟踪监测国内外研究对象的最新情报、了解及掌握该学科在国际上的研究实力及学科发展态势等情报信息，为科研人员全面准确地了解并开展接下来的科学研究工作指明方向、提供服务支持。

3. 一站式学科知识服务平台需求

我们面临的是一个数据爆炸的时代，数据密集型的科技创新对数字科研平台建设提出了更高、更迫切的需求，科研人员多样化、个性化、专业化的服务需求需要一个专业的知识服务平台为其提供支撑。科研人员对资源需求越来越多样化，包括对科技文献、政策法规、新闻资讯、科研数据、专利、标准、事实型数据、动态、统计数据、年鉴、分析报告、科技综述、国内外研究成果、课件、会议记录等不同资源的需求。然而，这些资源分别以不同的形式、载体分散于国内外不同的机构、网站甚至个人手中，获取资源耗时耗力。这就加大了科研用户对资源汇集、专业化、一站式的服务需求。因此，通过构建一站式的服务平台和标准统一、用户友好的学科服务界面，可以为科研人员提供无处不在、随时随地能获取到的学科知识服务，为科研用户检索和查找科研前期需准备的资源节省时间，提高工作效率，为实现科技创新提供友好的科研平台与环境。

1.2　问题的提出

针对新环境、新形势下图书馆面临的机遇与挑战，以及科研用户的需求特征和发展趋势，国内外相关机构积极开展了理论研究与实践探索，并取得了一系列重要研究成果。然而，通过深入调研分析发现，在资源整合与服务方面存在许多不足之处，主要包括信息资源深度关联整合和集成化、知识化服务平台构建及应用方面。

1. 资源类型覆盖面相对较窄，资源关联整合深度不够

资源类型主要包括文献、机构的数据库等部分事实型数据，但对科学数据和各类情报资源等多源异构资源的整合仍少见报道。有些需要的信息或数据无从获取，或者只是不同资源的堆砌，缺乏对其内在关系的挖掘揭示。

2. 缺乏一站式情景敏感的服务平台支撑

科研人员疲于在众多的文献平台、数据平台、官方网站查找所需文献资料与数据，迫切需要基于知识发现与知识服务的技术，实现各种科技资源的一站式无缝检索与获取，甚至基于多类型资源提供的深层次的知识服务。

3. 缺少面向特定领域的、成功的、可复制的范例

虽然信息服务机构都在努力向学科化知识服务方向转型，但能够快速面向新领域复制的成功案例少之又少，包括面向学科的专题资源库的快速定制构建，个性化服务平台的研发和部署，以及配套的服务模式与机制的构建。

1.3 研究目标与意义

针对以上问题，本书的研究目标，是在闽南农业网络信息资源整合需求调研分析基础上，深入开展闽南农业网络信息资源整合的关键技术与方法的研究，构建面向科研用户提供专业化、个性化、多元化和嵌入科研过程的一站式学科知识服务平台，实现专业领域信息资源的深度关联整合和高效挖掘利用，提升知识服务能力，同时面向闽南农业网络信息资源整合进行实证研究，为信息服务人员面向专业领域开展服务提供一套可借鉴、可复制的解决方案和案例。

本书的研究意义体现在以下两个方面。

第一，探索多源异构科技资源的整合技术与方法，进一步丰富信息资源管理理论与实践，有助于图书馆等信息服务机构进一步提高信息资源整合能力。在数字化信息获取与大数据快速发展的当下，信息服务机构只有具有强大的资源量及整合发现能力，才能成为科研人员信任并依赖的数字知识资源中心和创新支持中心。

第二，研制专业领域服务平台构建的技术解决方案，可以为信息服务机构开展专业领域学科化知识服务提供一种切实有效的工具与手段，推动其服务水平提升。目前面向专业领域的学科知识服务主要依靠专业的学科馆员队伍采取人对人的服务，如果能有可以快速复制的技术平台支持，一方面，可以加快面向特定领域的响应速度和工作进展，另一方面，也便于快速推广、多点开花，提高对各学科的整体知识服务水平。

1.4 研究内容与研究方法

1.4.1 研究内容

第一，相关概念界定，包括信息资源与网络信息资源、农业网络信息资源等。

第二，国家信息化建设中的网络信息资源整合与服务定位研究。

本书将农业网络信息资源用户定位为重点目标群体，结合问卷、访谈等调研结果，对传统信息服务模式与新型专业领域知识服务模式进行对比分析与研究，从时间、内容与服务三个角度，深入全面地挖掘分析当今农业网络信息资源用户新的资源需求与服务需求，为接下来的研究工作的开展提供依据及奠定基石。

第三，农业网络信息资源整合的必要性与原则、内容及模式。

此部分内容在农业网络信息资源体系研究基础之上，详细阐述农业专业领域信息资源整合的必要性与原则、内容及模式，研究设计资源整合的流程和框架，并从基于元数据仓储的资源整合、分类主题词表的知识组织，基于科研本体模型的语义关联和基于关联数据技术的整合发布等方面，进行资源整合关键技术的集成应用探讨，以期实现多源异构农业综合科技数字资源的知识组织与关联融合。

第四，农业网络信息资源整合技术理论、整合技术层次框架等。

技术平台的构建是面向专业领域进行信息资源整合、提供服务的基础。明确农业网络信息资源领域知识服务平台建设的目标，设计农业网络信息资源领域知识服务平台体系架构，给出平台建设流程，详细阐述农业专业领域知识服务平台的主要功能及实现的关键技术，通过主题分类标引、实体抽取与规范以及多维关联构建等后台功能实现多源异构资源的管理与整合，设计并实现统一资源搜索、学科资源导航、专家学术信息聚合、知识关联展示和学科态势分析等前端服务功能。为面向特定领域开展应用实施奠定基础。

第五，农业网络信息资源整合与服务的案例分析——以基于 DSpace 的闽南农业网络信息资源整合方案设计为例，基于农业网络信息资源整合与知识服务平台构建的研究成果，选择闽南农业网络信息资源领域开展实证研究。从建设背景、领域资源类型、来源和采集抽取策略等方面进行分析，基于 DSpace 平台，进行各类资源的组织与整合，为该领域科研团队提供一站式资源检索与获取和深层次知识服务。

第六，闽南农业网络信息资源整合功能保障体系构建和政策支持、法律保障。

构建保障体系的措施主要包括：加强法律和制度建设，按照市场运行机制运作；加快农民专业合作社的信息化发展；统一规划，加强网络信息资源采集和整合，发展智慧农业；建立农业科研单位与农业企业的长期合作机制；充分利用网络的宣传优势。

政策支持、法律保障的措施主要包括：加强闽南农业网络信息资源整合的宏观管理；加快闽南农业信息网络的建设，加大网络基础设备投入；加快闽南农业网络信息标准化的制定；加强闽南农业网络信息方面的人力资源建设；应用现代信息技术实现闽南农业网络信息资源整合。

1.4.2 研究方法

1. 文献分析法

大量收集国内外农业专业领域信息资源整合与服务模式研究等相关文献资料，进行文献综述和相关理论分析，进一步明确当前农业专业领域信息资源整合与服务模式研究存在的主要问题和不足，归纳农业科研人员信息需求的特征，并从资源、服务等方面对信息资源整合与一站式服务进行分析和研究。

2. 问卷调查法

通过发放问卷与访谈相结合，开展问卷调查，分析得出农业科研用户资源和服务的切实需求。基于用户的资源需求开展信息资源的知识组织与深度关联整合研究；基于用户的服务需求构建支撑相关服务的农业专业领域知识服务平台，以期真正做到为农业科研人员提供个性化、深层次、专业化的一站式学科知识服务。

3. 专家访谈法

针对农业专业领域信息资源与服务过程中涉及的若干问题，对相关专家进行采访，结合专家多年科研工作中遇到的问题，深入了解农业专家对信息资源及服务方式等方面的切实需求，听取其对农业专业领域信息资源服务工作的建议。

4. 案例研究法

通过基于 DSpace 为专题进行实证分析，明确资源类型，对资源进行获取、组织及整合，实现各类资源关联互通，建立闽南农业网络信息资源领域特色专业资源数据集合，通过一站式学科服务平台，实现资源的高效共享。

2 概念界定及国内外研究综述

2.1 相关概念界定

2.1.1 闽南地区与闽南地方农业简介

1. 闽南地区

闽南地区即福建省南部地区，包括泉州、厦门、漳州三个地级市，以及漳平市（原属古漳州府），也包括大田县部分、尤溪县部分。北接福州市、莆田市，南与广东粤东地区毗邻，西与原汀州府界交界。闽南地区总人口约一千余万。闽南地区的泉州港在宋元时期是世界第一大港，闽南人分布广泛，海内外使用闽南方言的人很多，不少被闽南人影响的当地人也会使用闽南语。

闽南这个词是在 20 世纪后半期福建方言专家提出的，之前闽南地区人迁徙到外地，都自称福建人。闽南包括的县市有：泉州市、安溪县、德化县、晋江市、石狮市、南安市、永春县、惠安县、金门县；厦门市全境、漳州市区、云霄县、漳浦县、诏安县、东山县、南靖县、平和县、华安县、漳平市、大田县、尤溪县部分地区。

闽南作为一个特定的文化传承下来，其影响实为深远，受其方言影响之地也有着大体一致的文化习俗认同，因此也同属闽南根源。明代洪武二十五年（公元 1392 年），福建按察分司置宁武道、延汀道、漳泉道三道，漳州府、兴化府、泉州府属漳泉道，漳泉道管辖泉州、莆田、厦门、漳州。

2. 闽南地方农业简介

（1）漳州市农业

土地肥沃，自然环境优越，是漳州农业发展的先天优势。生产经营方式粗放、规模小而分散，农业产品初级加工多、高附加值少，却是漳州市农业发展的明显短板。近年来，漳州市坚持用工业化理念谋划经营农业，大力推进农业现代化，加快转变农业发展方式，推动全市现代农业高质量发展，坚持"三农"工作重中之重地位不动摇，市委一号文件持续关注"三农"，加快发展特色现代农业是其中不变的旋律。

2017 年 3 月，漳州市出台《漳州市国家农业可持续发展试验示范区发展规划》，提出全面推进"一区多园"现代农业园区建设。同年 12 月，漳州市列入首批国家农业可持续发展试验示范区，评估成绩位列全国第四、福建省第一。

2018 年，漳州市提出重点打造水产、畜禽、乡村旅游等 11 个乡村特色产业。

2020 年 7 月，漳州市召开全市现代农业发展大会，出台《漳州市现代农业发展三年行动方案》，加快构建现代农业产业体系、生产体系和经营体系。

漳州市市委十一届十五次全会提出，着力推进乡村全面振兴，加快农业农村现代化。实施产业兴农行动，做好特色现代农业文章，推动农村第一、第二、第三产业融合发展，促进农村建设品质持续提升。2020 年 9 月，福建省农村建设品质提升现场会在漳州市召开。

漳州市发挥特色优势、发展现代农业的措施包括以下几个方面。

1) 以工业理念抓农业

思想是行动的先导。坚持以工业化理念谋划农业，是近年来漳州市委、市政府立足实际、着眼长远提出的农业发展思路。"理念"，就是向大家释放了一个鲜明信号——进一步统一思想、凝聚共识，坚定不移用工业化方式推动农业高质量发展。

把"思想、共识"落到实处，还需回答好"谁来干、怎么做、如何卖"这个命题。按照规模化、标准化、产业化的工业化思路，漳州经过多年探索，发展路径日渐清晰。

2) 培育新型农业经营主体，激发农业发展新动能

新型农业经营主体的"新"表现在科学的发展理念、先进的经营模式、更多的现代生产要素等方面，其一头对接着市场，另一头连接着农户，具有鲜明的示范功能、组织功能和服务功能，将给农业发展带来新的活力。

从诏安县垚华果蔬种植专业合作社联合社的经营发展可窥探一二。该社吸纳了周边近 400 名村民，让村民变"股东"，同时完善运行管理、利益分配等机制，2019 年仅果蔬年销售额就达 4 000 万元。对合作社而言，把分散的农户组织起来发展，就有了源源不断的生产资料，大大降低了生产经营成本。对农民来讲，加入合作社联合起来竞争，就有了便捷的购销平台，有效减少了市场风险。可以说，这种合作模式取得了双赢的效果。

福建百汇绿海现代农业科技有限公司则是通过开展"订单农业"来做大做

强的。"订单"模式分工明确，企业负责提供品种、技术和市场信息，并组织销售；农民则在企业指导下种植农作物。该公司在南靖龙山镇和靖城镇片区"下单"，每天蔬菜出货量约75吨，年产值达3 000万元。

不难发现，面对激烈的市场竞争，只有发挥农民合作社、龙头企业等新型农业经营主体的带动作用，才能更好地实现小农户与现代农业的有机衔接，确保农民持续增收。

3）集约投入、高效产出，是生产标准化展现的竞争优势

云霄县陈岱镇港舜泰生物科技有限公司在这方面进行了有益探索。该公司推行食用菌标准化、周年化高效栽培生产，实现现代工业与金针菇种植的有机融合，4 000余平方米生产车间的产量是同等面积下设施农业的400多倍。桥东洋片水稻绿色高质高效创建基地则是通过实施专业化服务，即"五统一"——统一工厂化育秧供苗、机械化机耕插苗、病虫害防治、测土配方施肥、机械化收割销售，实现规模化、高质量发展经营水稻、蔬菜，每亩地纯利润近万元。前者收获了量的提升，后者实现了质的飞跃，二者的共性就是以工业化理念指导农业标准化生产。

4）市场运作、品牌营销，让农产品由"种得好"走向"卖得好"

俗话说，酒香也怕巷子深，好东西更要卖出好价钱。这要求我们紧盯市场需求变化，顺应消费升级趋势，学会给产品"梳妆打扮"、营销宣传。

结合漳州市获批列入全国跨境电子商务综合试验区的有利契机，漳州市农产品在电商领域"闯"出了一片新天地。例如，漳州市开展"线上花果山"系列产销促销活动，芗城区、云霄县、长泰区、漳浦县、平和县、诏安县、南靖县等地推出县（区）领导直播带货，合计直播时长12小时，带货销量超600万元，让农产品成为"新网红"，进一步擦亮漳州市农产品品牌。据不完全统计，农村电商为全市农民实现增收近40亿元。

会展经济的兴起为漳州市农产品带来了巨大的商机。多年来，漳州市持续办好农博会、花博会、食博会，着力打响漳州水仙花、平和蜜柚、长泰芦柑、云霄枇杷、诏安青梅、东山水产品等特色品牌，近五届博览会签订购销订单均超20亿元，现场销售额均超4 000万元。借力会展经济，漳州市进一步扩大了农产品的品牌效应，有力地推动了现代农业高质量发展。

市场，是现代农业的关键词。农民，是农业发展的主体。只有引导农民面向市场，迎合消费者需求，坚持"特色"和"绿色"，让产品适销对路，才能真正实现农民增收、农业增效。

5) 以"特色"闯市场，让资源变资产

资源禀赋优异是漳州市的"先天之长"。山水交融、通江达海的自然条件，使漳州市成为"花果鱼米之乡"。近年来，漳州市大力发展"三朵花、四珍菌、五泡茶、六条鱼、十大果"特色产业，进一步做强做优做大水果、蔬菜、水产、食用菌、茶叶、花卉等十一大优势特色产业，全力打造"一县一业、一村一品"，进一步擦亮了"中国食品名城"的金字招牌。

品种更新偏慢却是漳州市的"后天之短"。平和县柚农不会忘记，当年传统的琯溪"白肉"蜜柚受外省区大量引种的冲击，市场价格一度走下坡路。可喜的是，柚农醒悟得快，他们锯掉了"白肉"柚树，嫁接新品种，先后培育了三红蜜柚、黄金蜜柚等新优特品种，价格比白肉蜜柚增长了一倍。

以往鉴来，方明前路。随着物流快速发展，信息高度透明，农业产业传统区域竞争已升级为全国甚至国际化竞争格局，只有建立更快更优的品种更新迭代机制，不断凸显产业差异化竞争优势，让特色品种永远保持"特色"，才能在市场上立于不败之地。

6) 以"绿色"赢胜局，让农业有后劲

绿色已成为消费的趋向。随着人民生活水平的提高，为"绿色"买单已成为一种风尚。适应消费观念的转变，农产品供给也应由主要满足"量"的需求向更加注重"质"的需求转变。

平和蜜柚的搏击市场之路，可为我们提供启示。2019年底，琯溪蜜柚首次出口美国，成为我国首个出口美国的柚类产品。这正是平和县多年来坚持绿色发展取得的成效。坚持"以质取胜"，平和县建立绿色、低碳、循环发展长效机制，在福建省率先开展蜜柚有机肥替代化肥、化肥农药减量化行动，实施测土配方施肥、病虫害生物防控、果园留草覆盖、悬挂微喷水肥一体化技术等措施，荣获"中国特色农产品优势区"等称号，成为县域发展绿色高效农业的典范。

绿色是农业可持续发展的根本保证。近年来，漳州市坚持以绿色转型为方向，把循环发展作为生产生活方式转变的基本途径，加快构建低消耗、少排放、高效益的现代产业体系，推动实现生产、流通、消费各个环节绿色化、低碳化、循环化，让更多的人熟知且享受到来自漳州的"绿意盎然"。

7) 社会力量兴农村

集中力量办大事是中国特色社会主义制度的显著优势。对这一优势，云霄县陈岱镇大山顶村的枇杷种植户陈文君体会尤深。2019年，突如其来的新型冠状病毒肺炎疫情，堵住了陈文君家的果子销路，满树的枇杷眼看着就要烂在枝头，一个"草台班子"的出现，打破了这个僵局。由农云链、支点农业、汇鲜锋、松鼠电商等云霄县多家本土电商企业临时成立的直播团队，带着网红主播在田间地头集体卖力吆喝，月均带货 1 500 吨，帮助陈文君在内的果农疏通销路、逆势创收。

一堵一疏，反映的是一次社会力量延伸农业产业链、支农助农兴农的真实写照。

积力之所举，则无不胜也。只有用开放的思路、市场的办法集聚和配置各类社会要素，才能为漳州市农业现代化发展注入更加强劲的动能。

8）用"融"字找突破，凝聚服务力量

起步较早、产品加工种类相对齐全，是漳州市现代农业的天然发展优势。但农村均户经营规模小、组织化程度不高、技术含量低等短板，制约着漳州市农业纵深发展。2018 年开展的农业生产全程社会化服务试点，为补齐这个短板找到了突破口。通过政府购买服务等方式，漳州市部分区县引入第三方分工合作机制，支持具有资质的经营性社会化服务组织从事农业公益性服务。以种粮为例，平和县等试点区的植保队采取集中育种、插秧、施肥、施药、收割等方式帮助农户"看田"，成了"田保姆"，农户单亩投入成本大幅下降；诏安县缘份农机专业合作社等社会化服务组织则引入厂房育秧、机插机收、测土配方施肥等现代种粮技术，不仅解决种粮苦、没人愿种粮等问题，而且科学种植让粮食质量更好、亩产更高。

察势者智，驭势者赢。顺应三产融合发展趋势，当每个农业社会化服务环节都能脱离以前的"老把式""老经验"，当现代社会经营理念、管理方式和技术成果都能被应用到农业发展过程中，当千家万户的小农生产者都能融入农业大生产、对接大市场，农业增效、农民增收将得到真正实现。

9）用"链"字扩形式，拉长服务链条

多样化、优质化和精细化是市场日益显著的需求特征。深耕农业多年，漳州市以农产品为原料的食品工业产业链条完整，但产业中、后期的服务链竞争力明显不足，且单品体量较小、高附加值精深加工占比较低。在漳州市农业产业化市级龙头企业中，以农产品加工为主的企业有 228 家，占比 68%，但以精深加工为主的企业仅占比 5%，同质化竞争导致农村农产品低层次过剩，极大影响农业现代化和农民增收。

同发集团的"一菇多吃"探索之路颇具说服力。针对分级入市或市场消化饱和导致的鲜菇"过剩"现象，同发食品将蘑菇预煮液经过过滤、浓缩、分离等流程，精加工出蘑菇酱油、蘑菇味精、食用菌罐头、蘑菇脆片、腌渍蘑菇等产品，畅销海内外。食用菌栽培产生的废料，经降解后还可作为优质有机肥出售。从花钱请人清理菌渣，到废料也能卖个好价钱，食用菌产业链变得更加绿色环保，也挖掘出更多服务价值。

举一纲而万目张，解一篇而万篇明。实践清晰表明，立足全链条、延伸产业链、提升价值链、打造供应链，拉伸农业产前、产中、产后社会服务链条，是打造特色品牌、带动农民增收致富的重要法宝，亦是打牢现代农业"压舱石"、扎实发展现代农村的制胜关键。

10）用"才"字育主体，创新服务模式

思想上率先破冰，行动上才能突围。把农业农村社会化服务落在实处，人才始终是秉轴持钧的关键。

多年的高素质农民培养和"科特派"之路探索，为漳州市带来了一批批"能文能武"的高素质人才，成为漳州市加速现代农业发展新动能的"先手棋"。他们中有诏安县返乡大学生、创业者钟碧慧，毕业后回乡种菜、助力当地蔬菜产业转型升级；有南靖县农村"双创"优秀带头人王静辉，玩转茶产业、带动茶农增收致富；还有平和县赖文达，退休后返回农村大山建设、带动"问题村"变身先进村。这些熟悉农业、亲近农民的人还将带动更多优秀人才扎根农业、建设农村，让创业创新活水潮涌满乡野。

龙海市程溪镇对顶叶、和山、塔潭等村的 1 553 亩连片土地进行整理，新增耕地 900 余亩，其中水田 600 多亩。经整理的土地成了配套设施齐全的高标准基本农田，适合机械化耕作，提高了村民的种植效益。梦想是指引，亦是动力。漳州市特色现代农业的逐梦之路，正吸引着越来越多社会力量的广泛参与，形成来自人才、文化、生态、组织等全方位的共同坚守。相信有全方位建设、多样性建设、共享式建设的"共建兜底"，将打通农户与市场、产业发展的"最后一公里"，共同推动漳州市现代农业这艘巨轮行稳致远、一路乘风破浪。

（2）泉州市农业

近年来，在泉州市委、市政府的坚强领导下，泉州市立足山海资源实际，狠抓特色现代农业、乡村振兴、农村人居环境整治、农村改革等重点工作，呈现出农业增效、农民增收、农村发展的良好局面。2021 年上半年，泉州市农村居民人均可支配收入增长 16.7%，高于城镇居民 5.4 个百分点。稳产保供，提升农产品生产能力。截至 2021 年 9 月，泉州市粮食播种面积 120.29 万亩，完成全年目标任务 92.32%，中稻收割和晚稻播种正常推进；生猪存栏 86.18 万头，出栏 103.37 万头，同比增长 11.64% 和 8.28%；家禽存栏 1 412.27 万只，出栏 1 709.1 万只，同比增长 4.24% 和 2.18%；肉蛋奶总产量 16.31 万吨，同比增长 1.45%。蔬菜、水果、食用菌和茶叶产值产量基本与 2019 年同期持平，略有增长。现代农业，提升农业发展质量。近年来，泉州市实施特色现代农业高质量发展"4222"工程，新规划创建 5 个省级现代农业产业园、5 个农业产业强镇、培育市级"一村一品"专业村 35 个，新增省级农业产业化龙头企业 29 家。截至 2021 年 8 月底，泉州市现代农业建设项目开工 145 个，完成投资 35.6 亿元，完成计划 73.4%。项目建设，全面推进乡村振兴。截至 2021 年 8 月底，全市乡村振兴试点示范建设项目 2 177 个，已开工项目 1 983 个，开工率 91.08%，项目总投资 27.29 亿元，已完成投资 17.74 亿元，完成投资率 65%；巩固脱贫成果建设项目 662 个，已开工项目 629 个，开工率 95%，项目总投资 8.54 亿元，已完成投资 3.93 亿元，完成投资率 46.1%。加强统筹，涉农资金发挥最大效益。市级部门通过全面统筹规划，落细落实资金使用和拨付。截至 9 月 13 日，福建省下达泉州市近 6.5 亿元，已使用 3.7 亿多元，支出进度在全省排名第二；市本级预算 3.5 亿多元，已下达 3.1 亿多元，资金下达率为 88.79%。

2021 年 10 月，泉州乡村好货展系列活动第五站在安溪县启动，活动旨在全面展示泉州各县市特色农产品、农业产业化发展成果，提升农产品效益。活动吸引了来自泉州全市的农产品企业 70 多家、商户 300 多人参与。

为持续做强做优做大乡村特色农业产业，近年来，泉州市立足山海资源实际，突出乡土特色和本地特色，以融合促发展，着力构建第一、第二、第三产业交叉融合发展的现代产业体系，现代种养、农产品加工、乡村旅游等特色农业稳健发展，农业综合生产能力不断增强，为乡村振兴注入源源不断的动力。

1）特色，农业发展新优势

走进南安市金淘镇深垵村，中药材种植基地里短葶山麦冬、"汾关一号"黄栀等各类中药材长势喜人，让冬日的乡村生机勃勃。然而，十多年前的深垵村受地理位置、地形条件等因素制约，难以发展工商业、农业产出率低，是南安市重点帮扶村。

"近年来，深垵村通过调整农业产业结构，大力推进山麦冬、黄栀等中药材规模化、标准化种植，促进农业增效、农民增收。"深垵村党支部书记叶奕坚介绍，深坵村通过成立"南安市大埔头中药材专业合作社"，与医药公司联营打造 200 亩短葶山麦冬国家 GAP 示范基地，引进种植"汾关一号"黄栀 9 万棵，自主培育扩种 100 多亩 3 万多棵黄栀等举措，打造市场潜力大、区域特色明显、附加值高的中药材产品和产业。

"为提高中药材附加值，深坵村与华侨大学园艺学院合作，将深坵村打造成华侨大学产学研基地，目前正着手研究黄栀子提取黄色素的工艺。深坵村还与福鼎恒康联营对黄栀子进行深加工，推出栀子油、栀子花纯露、栀子白茶等系列产品。"叶奕坚介绍。

在泉州市，依靠发展特色农业带动农村发展、农民增收，深坵村并不是个例。"为切实加快特色现代农业建设，近年来，泉州市发挥政府在规划引领、机制创新、政策支持和配套服务等方面的作用，通过实施优势特色产业提升行动，以茶叶、蔬菜、水果、林竹等优势特色产业为重点，突出抓好品种结构优化、质量安全提升、品牌创建和标准基地建设，形成规模化、标准化、区域化生产布局。"泉州市农业农村局产业发展科科长刘立新说。

截至 2021 年，泉州市有 7 类 12 种农产品列入农业农村部《特色农产品区域布局规划》，拥有"中国龙眼之乡""中国乌龙茶之乡""中国芦柑之乡""中国早熟梨之乡"等称号。安溪铁观音茶、晋江胡萝卜、南安龙眼、永春芦柑、永春佛手茶、德化油茶、岵山荔枝等 7 个农产品的产区被认定为福建特色农产品优势区，其中，安溪铁观音产区被认定为中国特色农产品优势区。2020 年，泉州市的茶叶、蔬菜、水果、食用菌、畜禽、林竹、花卉苗木、乡村物流、乡村旅游、农村电商等优势特色农业全产业链产值达 2 001 亿元。

2）注重集聚，产业发展新形态

永春作为"中国芦柑之乡"，种植芦柑已有 80 多年之久，现有种植面积约 5.21 万亩。"近年来，永春县重点抓柑橘全产业链聚集发展。2020 年，永春县年销售柑橘 30 万吨以上，永春芦柑区域公用品牌价值评估达 35.66 亿元。"永春县农业农村局局长赵文彪介绍。

近年来，依托产业集聚发展，永春县建成第一批福建省特色农产品优势区（永春芦柑）和省级现代农业产业园，形成了集品种资源、产业基础、人才科研、市场流通于一体的柑橘产业发展优势，建成了全国最大的永春芦柑标准种植基地，建立了柑橘品种、育苗技术、栽培技术、采收和采后处理技术及芦柑鲜果"五大技术标准"，形成了柑橘"产加销"完整产业链，带动了运输业、包装业、农产品加工业、服务业等的发展，永春县从事柑橘产业人员约 15 万人。2020 年，实现柑橘全产业链产值 67.17 亿元。

"下阶段，永春县将推动柑橘产业进一步集聚，积极创建国家级现代柑橘产业园，着力构建'技术中心＋龙头企业＋交易市场＋多方合作'的柑橘产业复兴格局体系，谋划建设华东南最大的柑橘种质资源库、柑橘研究中心和中国最大的柑橘交易市场，贯通种业、生产、分配、流通、消费各环节，促进永春柑橘全产业链发展。"赵文彪介绍。

为推动产业形态由"小特产"向"大产业"提升，空间布局由"平面分布"转型为"集群发展"，形成结构合理、链条完整的优势特色产业集群，近年来，泉州市以茶叶、蔬菜、水果、畜禽、水产、林竹、花卉苗木等 7 个优势特色产业为重点，以园区、产业带、功能区为平台，推动优势特色产业向适宜发展区域集聚，先后创建安溪县现代农业产业园等 15 个现代农业产业园及惠安台湾农民创业园、7 个省级农民创业园（示范基地）。

2020 年 5 月，泉州市印发《泉州市特色现代农业高质量发展"4222"工程建设实施方案》。根据该方案，"十四五"期间，泉州市将建设 4 个以上全产业链产值超过 100 亿元的重点优势特色产业集群、20 个以上重点现代农业产业园、20 个以上农业产业强镇、200 个以上"一村一品"专业村，推动优势特色产业向园区集聚，构建优势特色产业集群，打造产业强镇。

3）加快融合，链条延伸新方向

每当周末，安溪云岭茶庄园房间预订开始增多。云岭茶庄园坐落在海拔 800 多米的崇山秀岭之间，在这里，游客不仅可以观云海、看日出、赏星河，体验慢节奏生活，还可以跟随专业技术人员体验采茶、制茶、品茶的乐趣。

茶产业是泉州市最大的特色农业产业，全产业链产值超过 200 亿元。近年来，为进一步加强茶产业的综合开发利用，泉州市不断推进茶产业三次产业融合发展，产业链从"产加销"向"研学旅"不断延伸。在安溪，当地利用农业文化遗产核心区良好的生态和古茶园资源，大力发展生态休闲茶庄园，建成特色茶庄园 22 座。

茶文化博物馆、制茶技艺体验中心、开茶节、铁观音大师赛……安溪特色茶庄园让游客望得见山、看得见水、听得到故事、品得出茶文化的渊源与传播。以打造"海丝茶源，乌龙胜地"农业文化遗产展示名区为抓手，安溪茶旅融合发展快速推进。统计数据显示，目前安溪"茶庄园＋"每年吸引消费者 120 万余人次，年旅游收入 12 亿元。

通过挖掘农业生态价值、休闲价值、文化价值，大力拓展农业多种功能，推进农业优势特色产业与文化、教育、旅游、康养等深度融合，促进多主体参与、多功能开发、多资源综合利用，不断延伸农业产业链条，提升农产品附加值，是近年来泉州市特色现代农业的发展方向之一。

泉州市洛江区立足"虹山地瓜栽培系统"，打造休闲线路；晋江市以衙口花生传统制作技艺为主线，梳理了传统工艺休闲景点；惠安县通过挖掘"惠安余甘栽培系统"，推出"皇帝甘·余甘圣地"文化休闲游；永春县打造"百年荔枝别样红"永春岵山荔枝文化休闲景点……

随着历史文化、美丽乡村、创意农业、休闲农业及乡村旅游等业态有机融合，发展农业的新业态、新模式不断涌现，泉州农村特色农业逐步实现第一、第二、第三产业相互促进、发展，近年来涌现出晋江市金井镇围头村等国家级休闲农业示范点3个、省级休闲农业示范点33个、省级乡村旅游休闲集镇6个、省级乡村旅游特色村20个。统计数据显示，目前，泉州市拥有各类休闲农业点301个，从业人员1.44万人，年接待游客1 000多万人次，营业收入20亿元，带动6万多户农户发展增收。

（3）厦门市农业

在厦门市，特色都市现代农业已融入厦门高质量发展范畴，并成为重要组成部分。

从传统农业到科技兴农，从各家自己种粮到第一、第二、第三产业全面融合，作为保障城市消费的厦门市特色都市现代农业发展得生机勃勃——2020年，该产业集群实现营收突破千亿元，达到1 021亿元，同比增长10.9%，成为厦门市第九个突破千亿元的产业集群。2020年上半年，该产业集群实现销售收入580亿元，同比增长12.9%。

1）都市建"菜园"

在翔安区古宅村，一栋8层楼的生猪养殖场正投入使用，该养殖场安装了室内温控设备风机水帘，可以根据气温变化调节温度。每层楼都有漏粪板，以保持猪圈的干净卫生。猪饲料是以玉米、麦皮、豆皮研磨而成，营养均衡。养殖场还配备全自动饲料输送系统，每天的饲料都由料塔通过料线直接传送到采食槽，实现自动喂食。养殖场投入使用后，一年生猪的出栏量在5万头左右。

都市现代农业是城郊农业发展的高级阶段，其首要功能就是提供优质的鲜活农产品，满足城市消费需求。通过新建改扩建生猪养殖场、排查饲料安全隐患、防控重大动物疫病等系列措施，厦门市全力保障市场猪肉供应。2021年上半年，厦门市生猪存栏数、出栏数分别增长 88.57%、58.47%，完成预定目标与任务。

2）科技"走下田"

走进厦门塔斯曼石斛种植基地，一片片石斛苗映入眼帘。"我们现在一年可组培和驯化 2 亿株铁皮石斛苗。"塔斯曼生物工程有限公司（简称"塔斯曼公司"）董事长卢绍基自豪地说。

石斛是历史悠久的名贵中药材，因主要来源于天然野生，量少、名贵，价格一度居高不下。塔斯曼公司通过药用植物引种驯化、选育新品种，创建优质种苗快速繁育体系。在公司新品种培育基地，采访者看到数百万株石斛种苗在"瓶子妈妈"的肚子里生长，经过"九月怀胎"后，种苗将会出瓶适应环境，优秀的种苗将会移植到阔叶树皮里大量繁育。"我们建立了石斛种苗基因库，目前已有上千种种苗。"卢绍基说。

种苗要"快繁"，也要优质。塔斯曼公司建有省、市两级院士专家工作站，长期与海内外科研院校合作，对石斛进行基因资源收集保护、鉴定研究、开发应用，公司拥有自主专利 50 余项，研发出了铁皮石斛花饮、石斛叶茶、石斛枫斗、石斛麦片、石斛精粉、石斛酒、石斛牙膏等产品。

科技强则农业强。2019 年，厦门市出台蔬菜种子种苗扶持政策，增强种子种苗企业科技创新能力：成立高层次育种创新的研发机构可获 50 万元奖励，建立种质资源库可获 20 万元奖励；购置育苗播种设备，可获总额 50% 的购置款补助；国家级种子种苗企业落户，最多一次性奖励 30 万元……截至 2020 年，厦门市蔬菜和水产种苗业产值超过 10 亿元，蔬菜工厂化育苗产量 2.5 亿多株，不仅能满足本省的需求，还辐射其他 7 个省区，"厦门种子"的含金量越来越高。

3）三产紧融合

"我们不只是山好水好，产品也好，大家看，茶叶、地瓜干、小番茄……这些都是我们自己种植、加工的特色农产品。"在同安区莲花镇军营村的高山农文旅集市内，村民苏银坂对着直播镜头绘声绘色地为高山带货。苏银坂说，2020 年，5G 信号覆盖了军营村，村里的特色产品不仅"飞"向全国各地，还远销海外市场。

军营村曾是厦门市偏远穷困的高山村。近年来，厦门市立足乡村特色，推进"一二三产"融合发展，建立了一批现代农业示范基地。

如今，军营村"靠山吃山"，采取"公司＋基地＋农户"茶产业模式，种植了 6 000 多亩茶园，通过改良茶叶品种，创新制茶工艺，塑造出"雅毫""慕兰"等高山茶叶品牌，将优质的产品远销到日本、东南亚等地。军营村还依托当地得天独厚的绿水青山资源，先后开发了七彩池、百丈崖、光明顶等一批高山特色旅游景点，吸引了四面八方的游客。

"村民致富的路子越走越宽，离不开产业的融合发展。我们和厦门旅游集团合作，成立军营红乡村开发有限公司，现在全村已有 7 家农家乐、300 多个民宿房间，乡村旅游已经占村民收入的 30%。"军营村党支部书记高泉伟说，2019 年村集体还将 20 多万元的经营利润分给全村约 1 070 名村民，让大家共享产业融合发展的成果。

2020 年，厦门都市现代农业三次产业分别占比 6%、60%、34%，产业结构总体合理。围绕传统产业升级，厦门市持续做大做强农产品加工业，已完成 3 个农产品产地初加工中心建设。厦门市农业农村局开通农产品产销对接平台，上线的生产销售主体 150 家，推进 2 家省级农业物联网应用基地建设，全市区（县）级物流节点覆盖率达到 100%。

厦门市的发展目标是到 2035 年，全面实现农业农村现代化，都市现代农业高质量发展，农业产业质量和效益明显提升，创新力和竞争力大幅提高，农村一二三产业深度融合发展。乡风文明达到新高度，农村优秀传统文化在传承与保护中得到创新发展，农民综合素质进一步提升，乡村精神风貌焕然一新。农村基层党组织凝聚力和号召力不断增强，领导核心作用得到有效发挥。乡村自治、法治、德治相结合的治理体系更加完善。城乡基本公共服务均等化基本实现，城乡融合体制机制更趋完善。在率先基本实现农业农村现代化的基础上，乡村全面振兴，农业强、农民富、农村美全面实现，全体农民共同富裕高标准实现。

2.1.2 信息资源、网络信息资源与农业网络信息资源

1. 信息资源

信息资源是图书馆信息资源整合领域的基础概念。信息资源一词源于国外，最早出现在沃罗尔科《加拿大信息资源》中。信息资源同能源资源、物质资源并列为当今世界三大资源。控制论创始人维纳认为，信息就是信息，不是物质也不是能量。信息与物质、能量是有区别的。同时，信息与物质、能量之间也存在着密切的关系。美国著名信息资源管理专家霍顿认为，信息资源有单数、复数之分。单数是指信息内容本身；复数是指各种信息工具，即信息设

备、用品、工作人员和处理工具。国内专家对信息资源也给出了许多见解。乌家培认为，信息资源的两种理解，一种是狭义的，仅指信息内容本身；另一种是广义的，指除信息内容外，还包含与其紧密相连的信息设备、信息人员、信息系统、信息网络等。孟广均认为，信息资源包括所有的记录、文件、设施、设备、人员、供给、系统，以及搜集、存储、处理、传递信息所需的其他机器。信息资源是人类社会信息活动中积累起来的以信息为核心的各类信息活动要素（信息技术、设备、设施、信息生产者等）的集合。资源的核心是有用和创造价值，因此信息资源是一种有用和能够创造价值的信息。马费成、杨列勋认为信息资源不仅包括全体信息的集合，还包括信息生产者和信息技术，并将其分别称为本资源、元资源和表资源。

根据不同的分类标准，信息资源可分为不同的类别：①按照载体与存储的方式可分为记录型信息资源、实物型信息资源、智力型信息资源和零次信息资源（零次信息资源是信息直接获取者获取并形成原始记录的信息资源或直接通过信息直接获取者的表象形态传递的原始信息资源）4 种；②按照信息描述的对象可分为自然信息资源、机器信息资源、社会信息资源等；③按照信息反映的内容可分为政治信息资源、文化信息资源、法律信息资源、军事信息资源、经济信息资源、管理信息资源、科技信息资源等；④按照信息内容的反映面可分为宏观信息资源、中观信息资源、微观信息资源；⑤按照信息作用的层次可分为战略信息资源、战术信息资源；⑥按照信息开发的程度可分为原始信息资源、加工信息资源（包括一次信息资源、二次信息资源、三次信息资源等）。我们可以把信息资源划分为两方面内容：一是信息的集合，包括文字、声像、电子信息、数据库等；二是以信息为轴心的信息管理人员、信息设备及设施和由此组成的信息机构，使信息为人所共享并产生经济或其他效益。信息资源具有社会性，是指人对信息整合后服务于生产和生活的资源。信息资源应是多类信息以及对信息进行有目的的收集、加工整理、分类存储，对外提供信息来实现信息资源价值的单位（包括各类图书馆，文献信息中心、信息咨询服务机构等）。

本书所界定的农业专业领域的信息资源是指信息内容本身并与其相关的各种媒介和形式的信息集合，包括文献资源、科学数据资源、网络信息资源、事实型数据资源、开放获取资源、宏观情报资源等。

2. 网络信息资源

随着信息技术的发展及"互联网＋"行动计划的推进，互联网逐渐成为人们获取信息的主要途径。网络信息资源也有广义和狭义两层含义，广义的网络信息资源以网络信息内容为核心，还包括上网设备、网络基础设施等。狭义的网络信息资源是在互联网平台上进行开发、传播、共享和呈现的信息内容资源，具体地说就是，将信息存储在网络系统中，这些信息经过网络运输，最终以图像、文字、声音、视频等形式呈现在用户的电子设备上的信息资源。狭义的网络信息资源与传统的以纸质形式呈现的信息资源相比，具有信息容量大、传播速度快、便于分享等特点。本书中的网络信息资源包括能满足人们信息需求的信息内容（即网络信息内容资源），以及与网络信息内容获取、共享、传播相关的上网设备，网络基础资源和网络基础设施等。上网设备一般包括移动电话或计算机等终端设备；网络基础资源包括域名、IP 地址、网络国际出口带宽和网站等；网络基础设施，又称信息高速公路，是获取网络信息内容资源的基础设施，分为局域网、城域网和骨干网等。因为网络信息资源具有独特的优势，目前网络信息资源的组织、配置、利用等内容成为信息资源领域主要的研究方面。关于网络信息资源配置方面，学者主要对其配置效率进行研究，包括对配置效率的评价、影响因素及改善措施等方面的研究。

3. 农业网络信息资源

姜仁珍认为，农业网络信息资源具有繁杂无序、农业网站数量飞速增长、检索方法互不相同的特点。李玲认为，农业网络信息资源主要存在于学科信息门户网站、图书馆的网络导航体系、农业类学术机构网站、农业学科专业论坛、农业专家个人主页或博客。综合已有研究可以看出，农业网络信息资源的特点主要有：①以数字形式存储，信息存储密度高、容量大，信息保存为数字形式，实现了计算机中高速处理和借助网络远距离传输；②形式多样，传统的信息资源主要表现是文本、数字信息，而网络信息资源可以是文本、图像、音频、视频、软件、数据库和其他形式，其类型如电子报纸、电子书籍、书目数据库、索引和统计文献信息数据、图表；③通过网络传播，在互联网时代，信息资源是以网络为媒介，向全社会共享的资源；④数量巨大且增长快速，2023年 3 月，中国互联网信息中心发布第 51 次《中国互联网发展状况统计报告》，报告显示，截至 2022 年 12 月，中国网民数量达到 10.67 亿人；⑤传播方式动态，在网络环境中，传播和反馈的信息快速、灵敏，信息呈现出动态和实时的特点，信息在网络中传播迅速，不再是纸张信息传递和邮政的物流；⑥信息来源复杂，网络的共享与开放，让每个人都能够在互联网上获取和存储信息，信息也没有经过严格的编辑和整理，造成信息质量参差不齐。

2.1.3　信息资源整合

1. 资源整合

　　整合，亦称集成，英文表述有名词性的 integration 或动词性的 integrate。"integration"的主要含义是综合、融合、集成、成为整体和一体化，名词的中文"整合"是指聚合或优化功能达到的结果或状态。"integrate"意为使并入、使一体化、使成为一个整体，动词的中文"整合"是指聚合或优化功能的发挥，最终实现一体化。Wenston 认为，整合是指将基于信息技术的资源及应用聚集成一个协同工作的整体，包括功能交互、信息共享及数据通信的管理与控制。马文峰等将整合理解为由两个或两个以上事物、现象、属性、关系等在符合一定条件、要求的前提下，融合、聚合或重组成一个较大整体的发展过程及其结果，并将资源整合分为数据整合、信息整合、知识整合 3 种形式。李翠霞认为，资源整合是指把一个个相对独立的数字资源实现无缝连接并进而产生新质的一种知识组织方法。它是一种资源优化组合的存在状态，其整合程度直接关系到数字资源能否被高效吸收与利用。胡忠红等从整合系统的角度认为，信息资源整合是一个由计算机信息、网络及相关技术构成的系统策略。翟春红认为，电子信息资源整合即将多种来源的电子信息资源进行收集、评价、排序、过滤、分类、标引、建库等加工，使读者能够通过统一的检索平台查找和浏览到相关信息资源的一种服务方式。金燕认为，信息资源整合包括狭义和广义两个方面，狭义信息资源整合是指将某一范围内原本离散分布、多元异构的信息资源通过逻辑或物理方式组织为一个整体，使之有利于管理、利用和服务；广义信息资源整合是把分散的资源集中起来，把无序的资源变为有序，使之方便用户，它包含了信息采集、组织、加工及服务等过程。综合上述观点，本书将信息资源整合界定为通过一定的技术方法和手段，对多源异构信息资源进行科学规范的类聚、融合、重组与关联，使分散无序、相互孤立存在的信息资源形成一个有序、关联、互通的有机整体，从而满足用户日益增长的信息需求。

2. 国外的信息化建设与信息资源整合

　　美国政府科学信息门户网的建设是美国数字化集成信息服务建设的一个典型实例。美国科技信息网突出的特点是整合汇集了来自全国各部门的大量科技信息资源，是一个政府研发的跨部门的门户网站，是人们了解美国非常有价值的资源之一。美国科技信息网不仅仅是一个网站，它是美国相关政府部门的信息办公室的合作联盟，是美国科技信息资源大整合的成果。其主要的成效和作用是将科技信息通过单一门户网站的形式加以整合，解决了科技信息孤岛的问题，打破了学科专业、部门和地域的界限，使分散在各部门数据库中的海量科技信息可以被检索、查询，为全社会提供了科技信息高速公路。

欧盟自成立以来，制定推出了关于构建新型信息社会的一整套政策，为了改变欧盟成员在信息资源服务组织上的分散局面，促进信息服务在欧洲的合作，欧盟执行委员会于 2005 年 6 月公布了欧盟信息政策框架，强调整合不同的通信网络、内容服务、终端设备，提供更一致的管理架构和服务，以应对全球化的数字经济挑战。欧盟第 7 个科技框架计划（2007—2013 年），提出了整合欧洲研发机构，强化研发基础建设等具体行动计划，强调整合知识信息对于科研创新的作用。德国作为欧盟国家中信息化程度较高的国家之一，非常重视信息资源整合与服务规划。德国在制定和实施信息化发展战略时，强调政府在与企业、居民之间互动的同时，要整合大量分散的信息资源，提出了以公众需求为导向，"让数据而不是让公民跑路"的口号。2003 年 6 月，德国批准了整合电子政务的共同战略"德国在线"计划。德国在强调政府与政府、企业、居民之间互动的同时，同样也发现政府掌握着大量而分散的信息资源，以及国外的信息化建设和信息资源整合源。于是，德国政府以法律为依据、以应用为主导、以客户为中心，加强了大型基础数据库和地方数据库的建设力度，进行信息系统的整合和集成服务。其中，有关人口资源、经济社会、地理环境等基础数据库资源的开发建设，主要由联邦和州一级政府负责，建设经费的获取主要采取政府财政拨款为主、社会收费为辅的方式（如北威州统计数据库）。县级数据信息库由相应的地方政府组织实施建设，建设经费的筹措主要采取自筹为主、财政适度补贴的方式（如波恩社会科学信息中心、弗劳恩霍夫协会数据库70％以上的资金要靠自筹或创收）。各种大型数据库的建设，使德国政府信息资源得到很好的利用。

瑞典是目前世界上信息技术社会化程度较高的国家。瑞典电子政务是按照网上信息发布、网上信息服务、网上电子交易和按项目进行功能整合 4 个步骤逐步实施的，这 4 个步骤的核心是信息共享。首先，各级政府部门按照统一的标准进行网上信息发布，门户网站只是起到引导居民到哪个网站去找信息，怎样找信息的作用。其次，网上信息服务。瑞典对各政府网站有 3 个强制性要求：一是企业或居民只要向一个公共部门提供信息后，就不需要再向其他任何公共部门提供信息；二是企业和居民只要进入一个政府网站就可以进入所有的政府网站，得到所有的政府公开信息；三是政府网站不仅要提供信息服务，还要帮助企业和居民解决实际问题，如就业问题、奖学金问题、税务申报问题及各种福利问题。再次，实现网上电子交易。企业和居民可以在任意地点完成与政府以及银行、保险公司等部门的业务联系。最后，以电子政务项目为龙头的政府功能整合。瑞典实施了一些跨部门的电子政务项目，这样不仅避免了重复建设和重复采购，更使政府各部门从分立的服务模式逐渐转向业务的协同和功能的整合模式。

3. 网络信息资源整合

网络信息资源整合是指在网络环境下，采用数字化信息处理和集成整合技术，对多种来源的数字化信息资源有目的地进行重新组合的过程，同时为用户提供统一的检索界面，实现高效传播信息。网络信息资源整合不是简单的信息合并，而是在保证信息内容完整的前提下，创造性地加工与重组，按照"整合而非混合，整合而非兼并"的原则进行。其中，学术信息资源的整合具有更高的应用价值，进行跨学科领域的信息整合，在深度和广度上都有更大的加工重组空间。此外，从用户需求角度来说，提供整合学术信息检索平台可节省科研用户检索信息的时间，提高信息检索的完整性和准确性，对于推动科研的发展具有重要意义。

2.1.4　知识服务

国内图书情报领域的学者分别从信息与知识的关系、用户问题的情境、信息的加工等不同角度对知识服务的概念进行了阐述。张晓林从用户问题的情境出发，认为知识服务是以信息知识的搜寻、组织、分析、重组的知识和能力为基础，根据用户的问题和环境，融入用户解决问题的过程中，为用户提供能够有效支持知识应用和知识创新的服务。贾玲从知识与信息的关系出发，认为知识服务是信息服务的高级表现形式，建立在知识管理的基础上，利用信息技术，满足用户个性化的知识需求，实现知识增值的服务创新。综合来看，诸多学者对知识服务概念的论述基本上涵盖了图书情报领域对知识服务内涵的全面理解；知识服务的概念主要包括以下几个方面内容：①以用户需求为中心点和出发点，针对用户的具体问题，紧密嵌入科研、学习、工作之中，为用户提供针对问题的解决方案；②以各类丰富的资源作为支撑，最大化地利用各类资源（包括实体资源和数字资源等）最终实现更大的知识创新与增值；③面向知识内容，即利用灵活的组织体系，把各类信息对象有机地组织起来，揭示信息内容，分析知识关联，寻求匹配知识，协助用户解决问题、开展研究；④显性知识与隐性知识相结合，充分挖掘隐性知识，将隐性知识向显性知识转化；⑤提供个性化服务，即针对特定用户的特定需求，采取更加个性化、人性化的服务策略，量身定做知识解决方案，帮助用户寻找知识、解决问题；⑥服务模式更具多样化、深层次、创新性；⑦开展多层面、多种类的知识服务，包括基础服务、咨询服务、特色服务、定制服务等。

本书所界定的知识服务是狭义的，提供针对用户专业需求，以解决问题为目标，对相关知识进行搜索、筛选、研究分析并支持应用创新的深层次的增值型智力服务。

2.1.5　学科知识服务

学科馆员制度是学科知识服务的起始标志。随着图书馆学科馆员制度在国内的不断实践，学科知识服务成为图书馆知识服务的一项重要内容。李春旺、刘佳、夏有根、郭晶等分别从学科资源、用户需求等方面对学科知识服务的内涵进行了解读，以期能够深化对知识服务的理解，不断地扩展服务空间，提升服务能力，深入服务过程。李春旺认为，学科知识服务就是按照科学研究（如学科、专业、项目）组织科技信息工作，使信息服务学科化，使服务内容知识化，提高信息服务对用户需求和用户任务的支持力度。刘佳将知识服务的概念与高校图书馆知识服务主客体相结合，提出了高校图书馆学科知识服务的概念：以学科馆员的专业知识和图书情报知识为基础，针对高校师生在知识获取、知识选择、知识吸收、知识利用、知识创新过程中的需求，对相关学科专业知识进行搜寻、组织、分析、重组，为高校师生提供其所需知识和知识产品的服务。夏有根等认为，学科知识服务是指针对用户的专业文献需求量身定制的个性化、专业化、人性化、嵌入性的深度知识咨询。由于学科知识服务起源于学科馆员制度的建立，所以学科知识服务离不开学科馆员这一载体。郭晶认为，学科知识服务一般指图书馆学科馆员围绕学科建设及各类学科用户的教学、科研、学习需求，所开展的信息联络与传递、深层次信息报道服务、学科网络信息导航服务、科研人员跟踪和定题服务、学科信息素养教育等。可见，当今的学科知识服务不再仅仅是文献的提供，而是基于用户需求，将信息碎片化，重新整合后提供的个性化、深层次、专业化的信息服务。本书界定的学科知识服务是狭义层面上的知识服务。依据众多学者对知识服务和学科知识服务概念的理解，结合农业专业图书馆的资源与特点，本书将农业图书馆学科知识服务的内涵做如下界定：利用农业图书馆的各种信息资源，借助学科馆员的农业专业知识和图书情报知识，针对用户的信息需求及解决问题的过程，提供面向问题全过程的个性化、专业化的知识产品或解决方案。

2.2　国内外相关研究

2.2.1　网络信息资源整合研究

大数据时代，数据来源变得多种多样，包括 RFID 射频数据、传感器数据、社交网络数据、移动互联数据等。然而，由于不同的资源分布在不同的数据库中，且数据的结构、存储方式、组织方式、管理方式等各不相同，信息资源处于高度分散和混乱无序的状态，虽然我们感受到了丰富和充足的资源，但是检索出来的却是大量非结构化、参差不齐的数据，极大地影响了获取信息的效率和资源的共享性。要想改变这种状况，对图书馆的信息资源进行整合，使其标准化、规范化，是行之有效的解决办法。

1. 信息资源整合理论研究

信息资源整合的概念首先起源于国外，Stephen Pinfield 等提出了复合图书馆的无缝整合，并且指出复合图书馆的互操作问题；J. Peace 指出，整合检索是复合图书馆未来的发展趋势，并由高到低给出了 3 个层次（信息地图、代理结构、系统整合）的整合方法。随着互联网的高速发展，网络信息资源数量激增，信息资源整合开始受到国外学术界和政府的高度重视，国外已经成立了许多以信息整合为主要研究方向的科研机构，其中比较著名的有美国航空航天局的信息分享与整合组（The Information Sharing and Integration Group）、德国洪堡大学的信息整合组等。与此同时，iiWAS（Information Integration and Web-Based Applications & Service，国际信息集成与 Web 应用服务会议）、IEEE IRI（IEEE International Conference on Information Reuse and Integration，IEEE 信息重用和集成国际会议）等一系列具有重要影响力的国际大会也在不断推进信息资源整合领域的发展。在国内，陈昭珍在《电子图书馆整合检索之理论与实践》中分析了数字资源整合检索的需求与模式，并对其发展趋势做了展望。这标志着我国信息资源整合研究的开始。至 2002 年，关于数字资源整合的研究文章开始大量涌现。汪会玲等从载体演化、信息技术集成发展、组织机制变革、社会信息资源共享等方面分析了信息资源融合的发展趋势。黄传慧根据整合目标层次的不同将信息资源整合模式分为基于 OPAC（online public access catalogue，联机公共检索目录）的数字资源整合模式、基于跨库检索的数字资源整合模式、基于资源导航的数字资源整合模式、基于超级链接的数字资源整合模式及基于知识本体的数字资源整合模式，提出了图书馆数字资源整合目标层次，由高到低分别是数据整合—信息整合—知识整合。

2. 信息资源整合技术与方法研究

近年来，随着本体、元数据、关联数据等语义网技术的广泛应用，数字资源的组织模式也开始从资源整合向资源聚合转变。

（1）本体

本体是一个实体。Neches 等于 1991 年对本体进行了定义，指出本体即构成相关领域词汇的基本术语和关系，以及利用这些术语和关系构成的规范这些词汇外延的规则。从 20 世纪 90 年代开始，国外就开始对基于本体的信息整合方法与技术展开了研究，研究内容主要是基于领域本体模型对多源异构数字资源进行语义标注并构建元数据知识库。Noah 等研究了科技文献中语义分类和语义管理等内容，并提出基于本体模型的检索方式比传统的检索方式更为高效。Wache 等将基于本体的整合方法归纳为 3 种，即单一本体法、多本体法和混合法。虽然国内关于本体的研究起步相对较晚，但是同样取得了丰富的成果。赵英等提出基于本体映射的方法来解决数字图书馆资源整合的问题。常艳提出一种基于本体的数字图书馆知识组织模式，并将之与传统的知识组织模式进行比较分析。郝欣等通过构建基于多层本体的数字资源整合模型来尝试解决数字资源服务中的统一性、高效性等问题。贺德方等面对科研领域知识来源复杂、创新知识保存的及时性等问题，基于概念及概念关系、基于引证关系和基于科研本体等对馆藏资源进行语义聚合。边文钰采用本体方法为科研领域知识建模，建立了科研知识本体体系。

（2）元数据

元数据起源于国外，至今已有 20 余年的历史。元数据是指描述信息资源或数据的特征和属性的结构化数据，被认为是实现科学数据共享的重要数据形式。国外元数据研究主要集中在元数据标准及实践上。在元数据标准方面，1995 年，在都柏林召开的第一届元数据研讨会上发布了都柏林元数据核心元素集，都柏林元数据核心元素集的发布成为元数据发展历史的里程碑；1999 年，RDF（resource description framework，资源描述框架）工作组发布了著名的 RDF 规范，为 Web 异构信息资源的整合提供了一个有效的解决方案。在元数据实践方面，国外的专家学者在计算机科学、医学、生物学、天文学、教育、电子政务等领域展开了大量的实践，取得了丰富的成果。我国对于元数据的研究主要体现在理论方面，在应用实践方面也有一定的研究成果。姜晓曦和孙坦对 2007 年国外研究人员元数据的研究进展进行了分析和总结，主要包括以下 5 个方面：①新类型元数据研究，即对科学元数据、情景敏感元数据、分面元数据 3 种新型元数据的研究；②元数据维护，即元数据维护方法和网络资源元数据维护的研究；③元数据管理方法，国外学者对元数据管理提出了新的要求，如元数据分配、生命周期管理和认证，同时开发了语义绑定服务系统（系统有 4 个组成部分，即元数据分发、统一存取、元数据演变、存取控制）来管理元数据；④元数据在不同领域的应用情况，主要是在教育资源组织和发现、数字图书馆可视化界面设计、电子政务 3 个领域中的应用；⑤各种格式元数据之间互操作［将 MARC（machine readable catalog，机器可读目录）元数据映射为本体、DC（Dublin core，都柏林核心）元数据与本体之间的互操作、将大众标注标签转化成语义元数据］。查新征等提出了一套通用的科学数据元数据管理工具。在元数据标准方面，我国也相继颁布了生态科学、地质、国土资源、水利地理空间、农业科技等领域的元数据标准。林毅等针对目前数据仓库、中间件等技术无法从根本上解决异构数据一致性问题的现状，提出了基于元数据、结合 Web Service 与本体技术的数据资源共享与整合平台实现框架。陈红茜等根据生物特性数据区域存储分散、数据源不统一的特性，提出了以元数据和 Web Service 技术为基础的多层次数据共享平台，该平台采用了"中心数据库—数据分节点"的架构。与此同时，元数据在众多领域也产生了巨大的作用。

（3）关联数据

万维网创始人 Tim Berners-Lee 于 2006 年提出了关联数据的概念，他认为关联数据是把以前没有关联的相关数据连接起来，构建计算机能理解、高度结构化和富含语义关系的数据网络，可开发出更高级、更智能的应用服务。之后关联数据得到了快速的发展，不久之后便出现了大量关联数据的实践应用。在理论方面，Sheth 提出了在数据资源融合过程中，所面临的数据异构问题有系统级异构问题、语法级异构问题、结构级异构问题和语义级异构问题，其中语义级异构问题是传统资源融合技术无法从根本解决的问题，现实中需要借助语义网的相关理念和技术来提供解决方案；在此基础上，Merelli 等探讨了基于语义网和关联数据等技术来管理、分析和集成医学生物信息大数据的方法；

Arputhamary 等认为大数据环境下数据集成将面临数据模式映射、记录链接和数据融合等巨大挑战。在国内，欧石燕提出了面向关联数据的语义数字图书馆资源描述与组织框架，并采用图书、情报与档案学领域的相关数据进行实证研究；黄筱瑾等从科学数据和科技文献的元数据描述元素角度出发，总结出作者关联、学科分类号关联、关键词关联等模式；刘晓英等探讨了大数据环境下数字资源融合的内涵、特征、框架和模式，并分析了大数据环境下数字资源融合可能会面临的问题；邱春艳对科学数据与期刊文献的关联实现方式进行了探讨；刘炜等对目前采用大数据技术发布关联数据的方法和路径，以及大数据领域应用关联数据技术做了初步探讨；游毅等从图书馆馆藏资源出发，将关联数据界定为语义网环境下数据融合的一种有效手段，并以此为依托，借助语义链接机制，实现了数据资源在语义层面上的融合与互联。

3. 信息资源整合实践研究

Shen 等基于数字图书馆的信息流、结构、空间、场景和社会框架提出了一个综合的解决方法，并以 ETANA 数字图书馆为例进行实证研究；Baruzzo 等研究构建了一个特定的文化遗产管理平台，在存档和平台层面同时改进数据异构性；康奈尔大学发起的 VIVO 项目是一个基于开源语义和本体结构的知识发现系统，该系统实现了项目、基金、课程、出版物、学术活动等信息的关联集成；"欧盟地平线 2020 计划"支撑的欧洲科学研究开放存取基础设施项目（open access infrastructure for research in Europe，OpenAIRE）将成为出版物与支撑数据之间关联的接口；Nature 出版集团、Springer-Verlag、Wiley 等不同出版商开展了期刊文章连接 PANGAEA 数据仓储的尝试；PubMed 数据库与 GenBank、Dryad 等数据仓储建立了数据关联；Elsevier 探索了期刊文献内容中的科学数据单独显示与期刊互联的服务方式；高能物理学术信息系统 Inspire 与数据仓储 HEPData 的整合，实现 Inspire 系统对支撑数据的开放关联；联合国粮食及农业组织已将多语种叙词表 AGROVOC 发布为关联数据，并与多个词表建立了关联关系，并基于 AGRIS 数据库发布了超过 2 亿条 RDF 三元组的关联数据。我国在信息资源整合实践中也取得了相当大的进展。在信息资源整合系统方面，目前已经有北京拓尔思公司的 TRS（text retrieval system，文本检索系统）、清华同方的 TPI（专业数据库制作管理系统）及中国科学院国家科学数字图书馆（Chinese science digital library，CSDL）跨库集成检索系统等投入使用；闫志红从不同维度综合比较了 USP、TRS、CSDL 3 个系统，并与国外信息资源整合系统（WebFeat、MetaLib with SFX、MAP

等）进行了比较；马费成等提出了一个基于关联数据的网络信息资源集成框架，并以该框架为基础，设计实现了以"武汉大学"为基本单位的免费网络学术资源集成实验系统。

2.2.2　服务模式研究

1. 信息服务模式研究

传统信息服务模式是一种以图书馆馆藏资源为中心，单一、被动且低效的信息服务模式。它以图书馆文献资源为核心，以图书馆为主要阵地，服务的时间和空间有一定的局限性，其读者服务围绕馆藏展开，是一种面向资源的服务，作为服务对象的读者屈居于次要、从属的地位，需在图书馆开放时间内到馆获取如文献借阅、资料复印、宣传报道、阅读指导、信息检索、参考咨询服务等信息服务。信息服务活动有 4 个组成要素，即信息用户、信息服务者、信息服务内容、信息服务策略。根据四者之间关系的组合与描述，提出了图书馆信息服务基本模式（即传递模式、使用模式、问题解决模式）和四种信息服务生成模式（"交互—增值"模式、"平台—自助"模式、"用户—吸引"模式、"内容—承包"模式）。随着信息网络技术的发展，信息服务具有新的特点。在与传统信息服务对象、方式、内容及资源的特征和组织方式多方面比较的基础上，徐倩总结了网络环境下的信息服务模式，主要包括信息增值、网络信息推送和数字化参考咨询 3 大服务模式，并提出了国家农业图书馆面向用户的信息服务模式，即开放一体化的文献信息自助服务模式、基于个人数字图书馆的个性化信息服务模式及基于学科知识服务平台的知识服务模式。李静丽基于全媒体时代环境下的高校图书馆，提出了多种服务模式：书刊借阅服务模式、参考咨询服务模式、联盟服务模式、个性化信息服务模式、点对点服务模式、因需施服与主动推送服务模式、学科信息门户模式，以及未来预测的信息服务数字化模式、信息提供深入化模式、图书馆"第三空间"服务模式。

2. 知识服务模式研究

随着信息网络技术自动化、智能化的快速发展，用户对知识服务的需求逐步提升，对图书馆知识服务模式的研究愈加深入。国外学者对数字图书馆知识服务及其模式的研究侧重于应用实践，更加关注知识服务的技术、系统、战略规划以及行动等问题，形成了丰富的研究成果。Rath 等将知识服务的运营模式大致分为向用户集中提供的满足其工作任务完成的知识服务、基于上下文进行的知识检索服务及在不同的人之间共享类似工作任务所需要的知识服务。Mu 和 Dimitroff 等在对多所高校数字图书馆提供的虚拟参考咨询服务的调查的基础上，提出在虚拟参考咨询服务网站中加入更多的文字图表、美化网站标签及网站链接，以提高数字图书馆参考咨询服务模式的利用率。与国外研究相比，国内研究的进程虽相对缓慢，但对图书馆知识服务模式的研究也取得了丰硕的成果，主要集中在理论方面。张晓林是国内最早对知识服务模式进行研究的专家。在国外图书馆知识服务研究成果与国内其他知识性服务经验的基础之上，张晓林将图书馆的运营模式总结归纳为基于分析和内容的参考咨询服务模式、专业化的信息服务模式、团队化的信息服务模式、知识管理的服务模式及个人化的信息服务模式 5 种。在应用中，这 5 种服务模式可以进行动态组合。张晓林强调，新时期数字图书馆知识服务是以文献编目、检索、流通阅览为基础的，将传统图书馆服务作为后台辅助性服务，来支持数字图书馆的知识服务。田红梅提出了图书馆知识服务运营模式，即知识信息导航、知识信息咨询服务、专业化的知识服务、个性化的知识服务、集成化的知识服务以及共建共享知识资源等模式。陈红梅设计了 3 种基于数字图书馆知识服务系统的服务模式：用户自我服务模式、实时在线沟通式服务模式及专家知识服务模式。这 3 种模式实现了对图书馆隐性知识的深入挖掘和集成化、一体化的垂直服务。李家清将图书馆知识服务模式归纳为以下 5 种：层次化的参考咨询服务模式、个性化定制的知识服务模式、专业化的服务模式、垂直服务模式及知识管理服务模式。庞爱国认为数字图书馆知识服务方式包括融入读者与读者决策过程中的知识服务方式，基于分布式多样化的动态资源与系统、基于自主与创新的知识服务专业化与个性化的知识服务及综合集成的知识服务。王芹提出了 2 种数字图书馆知识服务模式：数字化的参考咨询服务模式和专业化的用户信息系统服务模式。数字化的参考咨询服务模式主要包括专家式、异步式（邮件答复）、交互式（网络会议）、合作式的参考咨询服务模式；专业化的用户信息系统服务模式包括个性化定制服务模式（My Library 系统）、智能化学习服务模式及专业化项目服务模式。现代化数字图书馆知识服务可充分挖掘隐性知识，运用智能代理、导航库、网络搜索引擎等现代科技手段，实现知识服务深度和广度方面的提升。麦淑平提出了 6 种知识服务模式：学科信息门户服务模式、专业化的知识服务模式（如建立专业网站、提供专题服务、定题服务）、个性化定制的知识服务模式、层次化的参考咨询服务模式（将用户知识需求收集整理后，按照不同的标准划分为多个不同的层级，再进行解答，给出问题解决方案)、虚拟咨询的团队知识服务模式、自助式的知识服务模式(图书馆馆员根据工作经验,面向用户层次低且重复性大的知识需求,采用自助式的方法为用户提供知识服务)。除此以外,罗彩冬等提出了动态知识服务模式和静态知识服务模式;李玉梅提出了面向用户的知识服务模式;孙丽认为知识服务的模式主要分为专家知识服务模式、参考咨询服务模式及专业化知识服务模式。知识服务模式的研究文献颇多,大多重复前人研究成果,或是对某一模式的具体研究,在此不再展开赘述。

3. 学科知识服务模式研究

随着信息技术和用户需求的不断变化,图书馆的服务模式也在不断地改进,如何加强图书馆基于学科建设的知识服务成为当务之急。通过对高校学科知识服务模式进行研究,探讨学科知识服务如何与信息服务相结合,把握学科知识服务脉络,在服务模式上进行创新,从而提供更优质的服务。李春旺认为,学科知识服务的工作模式包括基于电子邮件、基于网络、代理式、伙伴式、团队式等模式。刘佳认为,高校图书馆学科知识服务包括6个基本组成要素——学科知识服务用户、学科馆员、学科知识服务智能化平台、信息资源库、学科知识库、学科馆员业务平台。徐恺英等从分析高校图书馆的知识服务入手,以学科为基础,依靠高校的资源和人力优势,构建出高校图书馆学科知识服务模式,认为学科知识服务系统由学科知识服务用户、学科馆员、学科知识服务平台、信息资源库、学科知识库构成。洪跃提出,通过建立学科互助组、互动合作组、创新服务组、全程支持组4种学科知识服务组来应对目前数字图书馆实施学科知识服务时所面临的困惑——"如何寻求用户需求与学科馆员能力之间的平衡点"及"如何应用学科服务激发用户热情",可以提升学科馆员个人与团队能力,提高学科知识服务效果和水平,各个图书馆可因馆制宜,设立适合自身发展的学科知识服务组。孙翌将学科知识服务模式分为参考咨询服务模式、学科信息门户服务模式、个性化学科信息服务模式及智能化信息服务模式。他认为,随着学科信息门户关键技术的深入研究和广泛应用,新一代学科信息门户将成为专业数字图书馆共建共享的首选模式。邱萍等从科研信息生态入手,研究了高校图书馆学科知识服务模式;孙鹏、李玉艳等还分别探讨了在大数据环境下,基于云计算和物联网技术的学科知识服务模式创新。此外,还有研究者从分析和提炼用户的个性化需求出发,提出开展学科知识服务,以期深化学科知识服务内容。因此,学科知识服务的组织、管理与实施等问题也进入广大研究者的视野,张莉、王旭、王新等学者分别研究分析了图书馆学科知识服务团队在管理模式、组织形式、业绩评估等方面的现状，并对学科知识服务团队管理模式分别提出了看法。

2.2.3 学科知识服务研究

1. 学科知识服务理论研究

（1）国外学科知识服务理论研究

国外图书馆学科知识服务的理论研究焦点主要集中于以下几个方面：学科馆员制度的起源与拓展、学科馆员的定义、学科馆员的角色与服务模式变迁、学科馆员的知识结构与服务评价等。早在 1946 年，美国伊利诺伊州立大学的 Robert 教授就研究了研究型大学图书馆设置学科馆员的问题，虽然当时并没有形成学科知识服务的概念，但学科馆员制度的实行充分体现了学科知识服务的思想，是学科知识服务的雏形。国外对于学科馆员的表述有十余种之多，如 "subject librariian" "information advisor" "liaison librarian" 等。学者们对学科馆员的定义也不尽相同，Humpherys 认为学科馆员是指发展某个特定学科领域的技术与参考服务的图书馆员；Eldred 认为学科馆员是某个特定领域的专家，并利用领域技能为读者提供所需的复杂服务；美国图书馆协会将学科馆员的工作定义为与用户一起进行馆藏资源评价及提高馆藏对用户需求的满意度的过程。随着信息技术、信息环境及读者需求的不断变化，学科馆员的角色和服务内容也在不断调整。Pinfield 对网络环境下学科馆员角色的演变趋势进行了研究与阐述；Georigina 等对英国不同图书馆的 32 位学科馆员进行调查，将学科馆员的功能分为信息素养（information literacy）和联络交流（liaison and communication）；美国研究图书馆协会还以 *A Special Issue on Liaison Librarian Roles* 的形式组织专家学者进行学科馆员角色定位、学科馆员未来发展的探讨，体现了美国图书馆界对于深化学科知识服务的关注。从上述研究可以发现，学科馆员除了继承以往馆藏建设、信息教育、参考咨询、院系联络等服务功能外，还增加了对学术交流和教学科研活动的支撑功能，如 Gaston 指出，学科馆员的角色，已经从以学科为主的馆藏建设向以学科为主的用户服务转变。

（2）国内学科知识服务理论研究

学科知识服务是图书馆和情报信息机构提供的高端服务。虽然学科知识服务在我国已有近十余年的发展历史，但从研究深度来看，学科知识服务仍然属于图书馆及信息情报机构的新型服务领域。国内学科知识服务理论研究最早见于中国科学院文献情报中心的内部资料。清华大学姜爱蓉首先发文介绍了清华大学图书馆在设立和运行学科馆员制度时的基本思路和做法。此后学科知识服务成为学术界理论研究的热点并不断升温，涌现出越来越多高质量的研究成果。邵敏对学科馆员的角色定位、团队意识、综合素质培养等学科馆员队伍建设进行了研究与探讨。柯平等对实施学科馆员这一制度的管理方式和评估体系进行了探讨。任湘对我国学科知识服务、学科馆员研究发展的主要特点、现状和未来发展趋势进行了探析。徐长柱对当代大学图书馆的价值和职能服务进行了分析，认为协作式学科馆员服务团队是未来学科馆员制度发展的趋势和目标。彭亚飞通过调查研究，对我国高校图书馆学科知识服务存在的问题进行了分析，并提出应对建议。兰小媛等阐述了泛在服务理念下的大学图书馆学科知识服务理论体系的内涵、理论框架及要素构成。此外，在嵌入式学科知识服务研究方面，初景利、刘颖、严玲等对国内外图书馆嵌入式学科知识服务发展的特点和经验，嵌入式学科知识服务的背景、表征、内容等进行了研究。

2. 学科知识服务平台研究

学科知识服务平台作为学科知识服务模式的重要一环，一直是图书馆学科知识服务的研究热点。学科服务平台是联系信息用户和学科馆员的媒介，是图书馆提高资源利用效率、转变服务方式、提升服务质量的重要手段，它可以实现学科资源、学科馆员和知识服务的无缝连接。学科知识服务平台是指运用Web 2.0等技术，以网络形式给用户提供学科知识服务和资源的系统平台。常见的学科知识服务平台主要包括学科博客平台、学科微博平台、学科维基平台、学术期刊导航平台、基于云的学科知识服务平台、学科虚拟参考咨询平台等。蔚海燕指出，学科知识服务平台是学科知识服务系统必不可少的部分，可实现学科馆员、学科用户和学科资源三者的紧密结合。袁红军运用知识管理相关理论，构建了基于知识整合的图书馆学科知识服务平台研究框架。目前，在学科知识服务平台构建方面，图书馆界研究较多的是基于 Web 2.0 和基于LibGuides 的学科知识服务平台建设。刘佳音对 P2P（peer to peer，个人对个人）、博客、维基、IM（instant messaging，即时信息）、SNS（social networking service，社会性网络服务）、RSS（really simple syndication，简易信息聚合）、Folksonomy（大众分类）等 Web 2.0 的核心技术进行了介绍与分析。LibGuides 是 Springshare 公司开发的基于 Web 2.0 的内容管理与知识共享平台。熊欣欣等从服务模式、后台管理、界面、交互性等角度阐述了 LibGuides

的特点。据统计，全球已有 2 000 余家图书馆应用 LibGuides。在我国，上海交通大学图书馆于 2010 年率先引入 LibGuides 开展学科知识服务，由于 Lib-Guides 简单易学的特点，国内多所高校图书馆陆续应用 LibGuides 构建学科知识服务平台。可以发现，LibGuides 的未来前景十分广阔。上海大学图书馆采用基于 Web 2.0 技术的开源软件构建了学科知识服务平台各个主要功能模块，包括基于 MSN Messenger 的即时通信、基于 PHPWind Blog 的学科博客和基于 SXNA1.7 的新闻聚合、基于 MediaWiki V1.5 的学科维基和基于 DSpace V1.3 软件的学术机构库等子系统，然后运用 Ajax 等技术将各子系统进行有机整合。陆美提出了一个基于 LibGuides 的用户需求驱动型学科知识服务平台设计思路，并探讨了增强平台用户黏度的方法。郑良桦提出并实现了基于 OpenStack 和 OSGi 等技术的数字图书馆学科知识服务平台，该平台具有动态管理、统一管理、服务的动态组合的优势，同时应用该平台可方便用户构建私人数字图书馆。

3. 学科知识服务实践研究

美国是建立学科馆员制度最早的国家，经过多年的发展，其在学科知识服务实践研究方面取得了许多值得借鉴的经验和成果。哈佛大学针对不同用户群的不同需求推行等级服务模式，开展创新型的课程服务和研究服务等深度知识服务，学科馆员开始深入院系、教室，密切地参与教学、科研，将知识服务融入教学、科研活动及学科文献资源的推广中。在参考咨询服务方面，美国主推的 Question Point（QP）堪称全球合作数字参考咨询服务系统的典范，其成员馆共 2 000 余家，遍及 30 多个国家和地区，QP 充分利用网络协同技术，发挥各成员馆在资源人才技术方面的优势，整体上实现了资源共享及馆际间的合作与交流。在图书馆个性化服务方面，美国康奈尔大学率先推出的 MyLibrary 是最具代表性和影响力的个性化服务系统。MyLibrary 可以为用户提供超越图书馆信息服务的增值服务，如最新资料通告功能、与图书馆 OPAC 链接等。总体来讲，国外的学科知识服务呈现出学科知识服务体系完善、学科资源丰富、服务政策清晰、学术交流服务活跃、数据服务广受推崇、服务方式灵活多样的特点。清华大学图书馆于 1998 年率先引进了学科馆员制度，开创了国内高校图书馆学科知识服务的先河，此后武汉大学、西南财经大学、北京大学等一百余所高校也相继设立学科馆员，开展学科知识服务。在学科知识服务模式和服务机制创新方面，中国科学院国家科学图书馆进行了大胆探索，它通过"学科知识服务工作站"挂牌的形式走入研究所，面向科技创新基地、研究所、科研项目、科研团队和个人提供深层次、个性化、知识化的学科知识服务。在参考咨询服务方面，国内高校图书馆数字参考咨询服务主要采用实时和非实时相结合的咨询模式开展数字参考咨询服务。部分高校已在尝试开发一个更加符合我国国情和馆情的数字参考咨询服务系统，如 CALIS（China academic library & information system，中国高等教育文献保障系统）的分布式联合虚拟参考咨询系统（calis distributed collaborative virtual reference，CVRS）就是在借鉴国外 QP 系统的基础上国内自主研发的一个更适合我国本土的合作数字参考咨询系统。我国在 MyLibrary 的应用虽然较晚，但发展迅猛，最具代表性的是浙江大学的 MyLibrary。该系统采用浏览器/服务器服务模式，具有服务功能全面、可定制性强、注重用户个人信息保护等优势。用户通过 MyLibrary 可以实现查看个人图书借阅情况，续借、取消预约，设定邮件等个性化服务。然而相对国外而言，我国高校图书馆在开展代查代检、读者荐购、定题服务等方面还不够深入。

2.2.4　研究述评

综上所述，在信息资源整合方面，国内外均开展了较为深入的研究与实践探索，基于元数据、关联数据等单一技术进行的异构资源整合已日渐成熟，推动了数字资源组织模式开始从资源整合向资源聚合转变。但在大数据环境下，集成应用词表、分类体系、本体模型和关联数据等技术方法进行学科专业领域综合科技信息资源的组织与聚合的实践还不多。在知识服务模式方面，学者们已经从不同的深度和角度对图书馆知识服务模式进行了分析与研究，取得了不菲的成绩，也有许多值得借鉴的研究方法与研究成果。然而，这些知识服务模式没有有效地提高图书馆服务质量，究其原因在于，这些知识服务模式没有充分考虑到关键词之间的关联关系，只停留在关键词本身，因而无法实现计算机与用户之间语义的理解与关联；没有很好地将线下学科馆员的服务与线上平台的关联集成服务有效结合起来，为用户提供一个全方位、多模式、高动态的新型专业知识服务。在学科知识服务方面，学科馆员作为图书馆开展学科知识服务的主体，其制度本身的发展演进、服务角色与服务模式的变迁等内容是国内外学科知识服务理论研究的焦点。而在学科知识服务实践领域，从国内现有的实践情况来看，学科知识服务研究集中于高校图书馆，虽有以中国科学院国家科学图书馆为代表的学科知识服务研究案例，但针对专业图书馆特定情境及用户个性化需求所设计的服务模式研究依旧贫乏，且缺乏全面系统的总结。而且，虽然学科知识服务平台构建技术与手段的不断成熟推动了图书馆学科知识服务水平的提升，但服务的知识化、个性化程度还有待提高，尤其是基于深度整合的信息资源构建专业领域知识服务平台的相关研究还需进一步深入。从农业科研人员利益、需求出发，调动中国农业科学院图书馆及其所有的人力、物力、财力资源，融入用户物理或虚拟社区，以知识服务为手段，为农业科研用户构建一个适应其个性化、专业化、知识化服务需求，适应其学术共享交流需要的信息保障环境，嵌入用户科研过程、实时无缝满足农业科研人员不断提升的科研需求，切实提升农业图书馆学科知识服务的能力。

3 国家信息化建设中的网络信息资源整合与服务定位

面向用户的资源整合与服务研究应该从国民经济与社会信息化的大环境着眼。当今社会，人类正在迈进一个全新的信息时代。信息资源与自然资源、人力资源共同构成支撑现代社会发展的资源体系。信息资源是构成现代社会发展的三大支柱资源之一，信息资源区别于物质资源、能源资源，具有独特的内涵。信息资源成为知识经济时代重要的国家战略资源，是实现经济与社会全面和可持续发展的基础。一个国家的科技创新能力及与此相关的国际竞争力愈来愈依赖于其快速、有效地开发与利用信息资源的能力。对信息资源的开发和利用水平已成为衡量一个国家综合国力和国际竞争力的重要标志之一，世界各国无不把开发和利用信息资源作为一项基本国策。从国际来看，美国、日本等发达国家在实现国家信息化的进程中，普遍将信息资源的开发和利用作为发展信息产业的基础和核心。从国内来看，强化信息资源开发和利用的核心地位，则是我国推进信息化建设的一大特点。从世界各国信息化建设的进程可以看出，国家信息化的核心之一是信息资源的开发和利用，这是信息化建设取得实效的关键。当前，信息资源的开发和利用正处于战略转型阶段，即从以信息技术为中心转向以信息资源为中心，从基础设施建设转向深入应用，从数量建设转向质量建设，从粗放配置转向追求效益。可见，信息资源的开发和利用正从基础建设阶段进入集成整合阶段。

3.1 国家信息化建设与网络信息资源服务现状

在国家信息化建设中，国内外关于网络信息资源服务现状问题的研究主要集中在基于网络信息资源共建共享研究、完善国家信息服务体系、建立社会化集成信息服务体系方面。

3.1.1　国外的信息化建设与信息资源服务推进

1. 美国的信息化建设与信息资源服务推进

美国是世界上信息技术发达、信息化程度较高的国家。美国把信息资源的管理，尤其是电子化信息的生产、传播、获取和利用，作为政府的一项基本国策。1993 年 9 月，美国政府制定、颁布了国家信息基础设施行动计划，并于随后提出了 NJII 行政计划。1994 年，美国提出全球信息基础设施行动计划，鼓励民营部门投资，促进竞争，为所有信息提供者和使用者提供开放的网络通道，保障普遍服务。《全球信息基础设施行动计划》《全球信息基础设施行动计划》的宣布和实施标志着信息资源战略地位的全面确立，同时也宣告信息资源的开发和利用进入了一个新的历史阶段，即从普及信息化阶段进入信息资源的整合利用阶段。在资源整合与集成信息服务中，美国基于网络的联盟发展迅速。基于数字图书馆的信息资源整合和基于网络的社会化集成信息服务的推进成为美国国家信息化建设的中心环节。

在美国国家信息化建设中，基于网络的联盟发展迅速。例如，作为集成信息服务主体之一的图书馆联盟，据 Web Junction 统计，截至 2006 年 8 月其成员已达 118 个。这些联盟通过信息资源整合与共享，提供数字化的集成信息服务。又如，OCLC（online computer library center，联机计算机图书馆中心）是美国俄亥俄州 54 个院校的图书馆于 1967 年自发联合起来形成的计算机联合编目中心，OCLC 作为世界上最大的联机文献信息服务机构之一，其宗旨是推动更多的用户检索全球范围内的信息，实现资源共享并减少使用费用。OCLC 通过整合世界范围内的文献信息资源，提供一体化的文献信息服务。其拳头产品 OCLC WorldCat 数据库现已发展成世界数据量最大、使用量最高的书目数据库。从 2004 年开始，OCLC 启动 OPEN WorldCat 先导计划，即将 World-Cat 的馆藏数字资源陆续加入 Google 及 Yahoo 两大搜索引擎中，实现图书馆资源和搜索引擎的无缝连接，通过商业性的网络搜索引擎，在网上将图书馆的记录公之于世，最终发展为基于 Web 的全球网络信息资源。

关于信息资源整合，美国强调基于数字图书馆的信息资源整合。2000 年开始，由美国国家科学基金会资助的美国国家科学数字图书馆（the national science digtal library，NSDL）第一个焦点领域就是核心集成，即对图书馆分布式信息资源、技术基础设施、不同领域的管理及日常操作等业务进行整合。其第二个焦点领域是资源建设，NSDL 集成了来自教育学、数学、工程学等领域的文本、图像、视听资料、展览资料和新闻等类型的信息，将多个分布式学科信息门户的资源与服务进行整合，允许用户通过一个中心门户检索和调用各种不同的信息资源与服务，给用户提供一个跨越资源类型和学科限制的一站式资源获取平台。

在基于数字图书馆信息的资源整合与服务规划中，呈现出从数字图书馆到后数字图书馆，从信息孤岛向信息网格发展的趋势。美国国家科学基金会于2003年6月召开的"未来的浪潮：后数字图书馆研讨会（*Wave of the Future：Post Digital Library Futures Workshop*)"上，对数字图书馆的发展进行了宏观的展望和总结，发表了《知识在信息中迷失》的研究报告，指出，数字图书馆定位于提供普遍知识环境（ubiquitous knowledge environment)，如同无所不在的以太（ether）一样，成为未来学术、研究和教育不可或缺的公用设施。数字图书馆关注的不仅仅是个别技术的进步，而是整体的应用效果及与社会经济文化环境相关的服务发展问题。作为基于分布式资源的数字化信息服务体系，数字图书馆应在国家信息基础设施建设的基础上进行信息资源整合和提供信息服务。以此出发，美国国家科学基金会资助了有关的项目研究，于2005年发表了《网络信息基础设施：21世纪发展展望》（*Cyberinfrastructure Vision for 21st Century Discovery*）研究报告，确定了基于网络信息服务设施的信息服务组织模式，从而极大地推动了面向全社会的数字化集成服务发展。Cyberinfrastructure作为美国国家科学基金会资助的国家级的信息基础设施计划内容，将是一个超级计算资源、网络资源与人力资源集成系统，为广大科学家和工程师所共享；网格和超级计算机将是其核心部分。在网络—网格技术发展中，网格技术在数字化信息集成服务中的应用，有利于构造统一的服务平台，促进信息集成、资源共享和数据处理。从2001年8月，由美国国家科学基金会发起，经过5年的建设，TeraGrid已经成为世界上规模最大的分布式网络信息基础设施。2005年8月，美国国家科学基金会资助1.5亿美元继续发展TeraGrid项目。美国政府在规划建设信息资源基础设施的同时，重视完善国家信息服务体系，重点加强数字化集成信息服务体系的建设，重点建设项目包括：美国政府门户网站——"第一政府"（firstgov)，美国政府科学信息门户网站（science. gov)，美国国家生物信息基础设施（national biological information infrastructure，NBII)，美国国家空间数据基础设施（national spatial data infrastructure，NSDI)，农业网络信息中心（the agriculture network information collaborative，AgNIC)，国家科学数字图书馆等。这些是在政府的大力支持下，在各部门的通力合作下建设成功的数字化集成信息服务体系。其中，Science. gov 网站的建设是美国数字化集成信息服务建设的一个典型实例。Science. gov 网站突出的特点是整合汇集了来自各部门的大量科技信息资源，是一个政府研究开发的跨部门的门户网站。

2. 欧盟的信息化建设与信息资源服务推进

欧盟自成立以来，制定推出了关于构建新型信息社会的一整套政策，发布了《有关实施对电信管制一揽子计划的第五份报告》《电子通信服务的新框架》《电子欧洲：一个面向全体欧洲人的信息社会》等政策性文件；此外，欧盟还同时出台了《促进 21 世纪信息产业的长期社会发展规划》及相应的行动计划。这些政策性文件涉及互联网、电信、通信网、ISDN（integrated services digital network，综合业务数字网）集成服务、卫星通信、广播频率、通信和信息服务市场、许可证制度、信息保护、税务及电子商务等各个方面的内容。为了改变欧盟成员在信息资源服务组织上分散的局面，促进信息服务在欧洲的合作，欧盟执行委员会于 2005 年 6 月公布了欧盟信息政策框架，强调整合不同的通信网络、内容服务、终端设备，提供更一致的管理架构和服务，以应对全球化的数字经济挑战。为加强欧盟各成员信息服务体系之间的相互认识和合作，甚至让不同的业者之间可以在共同的目标下发挥群聚效应，欧盟执行委员会制定了数字内容服务政策，在 2005 年至 2008 年间实现数字内容产业的跨步发展。2007 年，欧盟筹备第 7 科技框架计划（2007—2013 年），集合欧盟不同成员的研究机构，共同完成科学研究，以便取得更好的研究成果。该计划强调整合知识信息对于科研创新的作用。

3. 德国的信息化建设与信息资源服务推进

德国作为欧盟国家中信息化程度较高的国家之一，非常重视信息资源整合与服务规划。2003 年 6 月，德国批准了整合电子政务的共同战略"德国在线"计划。以法律为依据、以应用为主导、以客户为中心，德国加强了大型基础数据库和地方数据库建设的力度，进行信息系统的整合和集成服务。2004 年，德国社会科学信息中心开发了专业数据库（图 3 - 1）。该中心有六大数据库在业界很有影响力：FORIS（科研项目数据库）、SOLIS（科研论文数据库）、SOFO（社会科学研究机构数据库）、ZEITSCHRIDTEN（专业杂志数据库）、东欧科研机构数据库、SOCIEGUITE（网址数据库）。为把数据库资源更好地同现代技术相结合，德国社会科学信息中心采取开放性合作方式，同 ZA（科隆大学社会科学经验研究档案中心）、ZUMA（问卷调查方法论和分析中心）

共同组成了一个有关社会科学研究咨询的联合体 Gesis，希望通过不同的合作伙伴及全球领域科学家的参与，在真正联合的基础上将整个社会科学信息集中在一个地点，方便查找和搜寻，扩大交流。为了能够更方便快捷地为研究人员及公众服务，联合体 Gesis 还将三方的代表性数据库结合在一起，建立了网上数据查询系统——Infoconnex。德国社会科学信息中心还建立了社会科学的门户网站——Sowiport，为社会科学家提供一站式服务，一次性全部查到有关社会科学项目的论文、数据、科学家联系地址及有关学术讨论会内容等。

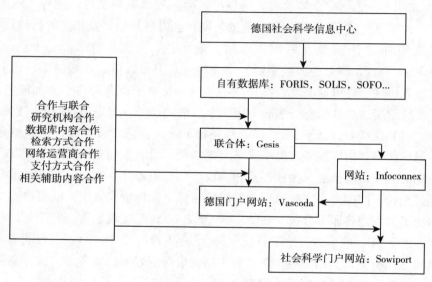

图 3-1　德国社会科学信息资源联合体

4. 日本的信息化建设与信息资源服务推进

2004 年，日本政府在 E-Japan 战略基础上提出 U-Japan 战略。U-Japan 战略的核心是将信息制造业、信息服务业、数字内容产业乃至与信息社会相关的社会问题高度整合，融为一体，创建任何人都可以自由利用的网络环境，促进知识/信息的创造和共享。2006 年，日本实施了《第三期科学技术基本计划（2006—2010 年）》，建设适应社会信息化发展的信息服务体系，强调为不同的创新主体提供针对性很强的信息服务，使面向研究开发的信息提供途径更加通畅，以适应依赖于自主创新的经济发展需要。日本科学情报研究所开展的项目包括：网络科学基础设施、信息未来价值创造、新一代软件策略、信息环境/内容的创建、公共服务的组织、信息集成等。

3.1.2 我国信息化建设中的信息资源整合服务体系现状

面对国际信息环境的变化和挑战，我国采取了一系列对策，于 20 世纪 90 年代初步形成了国家信息化发展战略。1993 年，国家经济信息化联席会议成立，并相继启动了以金关、金卡和金税为代表的重大信息化应用工程，加快了国民经济和社会信息化的步伐。信息资源网络建设和网络信息服务发展迅速。2000 年 10 月，党的十五届五中全会通过的《中共中央关于制定国民经济和社会发展第十个五年计划的建议》明确指出，"大力推进国民经济和社会信息化，是覆盖现代化建设全局的战略举措"，把信息化提到了国家战略的高度；随后，我国进一步提出了以信息化带动工业化、以工业化促进信息化、走新型工业化道路的战略部署。

早在 1984 年，邓小平就提出开发信息资源，服务四化建设，揭示了信息资源建设是信息化建设的核心。推进信息化的实践表明，信息资源的开发和利用是国家信息化的核心任务，是国家信息化建设取得实效的关键。2004 年 10 月，国家信息化领导小组第 4 次会议审议通过的《加强信息资源开发利用工作的若干意见》指出，加强信息资源开发利用是今后一段时间信息化建设的重点工作，并提出"统筹协调、需求导向、创新开放和确保安全"是加强信息资源开发利用工作的主要原则。2005 年 11 月国家信息化领导小组在温家宝总理主持的第 5 次会议上审议并原则通过了《2006—2020 年国家信息化发展战略》，将网络环境下信息服务的推进和信息资源的深度开发利用提高到国家战略高度。《2006—2020 年国家信息化发展战略》确立了我国信息化发展的战略目标。

当前，中国信息化建设正处于重要的结构转型期，即从信息技术推广应用阶段转向信息资源的开发利用阶段和知识资源的开发利用阶段。2016 年，中共中央办公厅、国务院办公厅印发的《国家信息化发展战略纲要》指出，应高举中国特色社会主义伟大旗帜，全面贯彻落实党的十八大和十八届三中、四中、五中全会精神，以邓小平理论、"三个代表"重要思想、科学发展观为指导，深入学习贯彻习近平总书记系列重要讲话精神，紧紧围绕"五位一体"总体布局和"四个全面"战略布局，牢固树立创新、协调、绿色、开放、共享的新发展理念，贯彻以人民为中心的发展思想，统筹国内国际两个大局，统筹发展安全两件大事，坚持走中国特色信息化发展道路，坚持与实现"两个一百年"奋斗目标同步推进，以信息化驱动现代化为主线，以建设网络强国为目标,着力增强国家信息化发展能力,着力提高信息化应用水平,着力优化信息化发展环境,推进国家治理体系和治理能力现代化,努力在践行新发展理念上先行一步,让信息化造福社会、造福人民,为实现中华民族伟大复兴的中国梦奠定坚实基础。党中央、国务院高度重视信息化工作,习近平总书记强调,没有信息化就没有现代化。信息化为中华民族带来了千载难逢的机遇,必须敏锐抓住信息化发展的历史机遇。"十四五"时期,信息化进入加快数字化发展、建设数字中国的新阶段。中央网络安全和信息化委员会印发《"十四五"国家信息化规划》(以下简称《规划》),对我国"十四五"时期信息化发展作出部署安排。为使社会各界更好理解《规划》的主要内容,中央网信办组织有关专家学者对《规划》各项重点任务进行研究解读,共同展望数字中国建设新图景。第三代移动通信(3G)、第四代移动通信(4G)网络覆盖城乡,第五代移动通信(5G)技术研发和标准已接近全覆盖。信息消费总额达到 6 万亿元,电子商务交易规模达到 38 万亿元。核心关键技术部分领域达到国际先进水平,信息产业国际竞争力大幅提升,重点行业数字化、网络化、智能化取得明显进展,网络化协同创新体系全面形成,电子政务支撑国家治理体系和治理能力现代化坚实有力,信息化成为驱动现代化建设的先导力量。互联网国际出口带宽达到 20 太比特/秒(Tbps),支撑"一带一路"建设实施,与周边国家实现网络互联、信息互通,建成中国—东盟信息港,初步建成网上丝绸之路,信息通信技术、产品和互联网服务的国际竞争力明显增强。到 2025 年,新一代信息通信技术得到及时应用,固定宽带家庭普及率接近国际先进水平,建成国际领先的移动通信网络,实现宽带网络无缝覆盖。信息消费总额达到 12 万亿元,电子商务交易规模达到 67 万亿元。根本改变核心关键技术受制于人的局面,形成安全可控的信息技术产业体系,电子政务应用和信息惠民水平大幅提高。实现技术先进、产业发达、应用领先、网络安全坚不可摧的战略目标。互联网国际出口带宽达到 48 太比特/秒(Tbps),建成四大国际信息通道,连接太平洋、中东欧、西非北非、东南亚、中亚、印度、巴基斯坦、缅甸、俄罗斯等地区和国家,涌现一批具有强大国际竞争力的大型跨国网信企业。到 21 世纪中叶,信息化全面支撑富强民主文明和谐的社会主义现代化国家建设,网络强国地位日益巩固,在引领全球信息化发展方面有更大作为。

网络环境下,信息资源建设需要从社会发展的全局来整合信息资源,其建设的重心以应用为中心而不以资源为中心,其建设的目的是更好地提供增值服务,更加强调信息资源的深度开发,提升信息资源开发与信息服务的效率和质量。信息资源开发利用是以信息服务业务为依托的，信息资源建设的问题不是一个一次性的工程建设问题，而是一个长期服务问题，服务业务的拓展是其中的关键。因此，我们需要确立面向用户的，以用户的有效利用为目标的新的信息资源开发利用观念。面向用户的信息资源整合和服务是信息资源建设的关键环节，是在国家信息化发展进程中必须着力解决的问题。

我国信息服务中的资源整合最初表现为，图书馆服务中的馆际图书互借、联合编目的实现和机构间合作业务的开展。20世纪70年代以来，主要集中在文献信息资源的协调建设、文献资源共建共享，以及跨地区、跨部门的服务组织等方面。20世纪80年代，国家科学技术委员会（现为科学技术部）科技情报司组织的我国科技情报搜集服务体系建设、中国科学院文献资源整体化布局、全国高等学校文献资源共享组织等，产生了重大影响，从管理实践上确定了信息资源共建共享的基本模式。然而，从实施上看，当时的文献资源共建共享大部分局限于本系统，整合的形式限于图书情报机构的馆藏协调和单一方式的联合书目服务上；由于技术条件和管理上的限制，用户的深层信息需求的满足与跨部门、跨系统的资源利用难以实现。网络环境下，数字化信息服务正处于新的变革之中，我国相对独立、封闭的部门、系统信息服务正朝着开放化、社会化方向发展，各部门、系统正致力于网络环境下的数字化信息服务的业务拓展，以此为基点，改变传统信息服务的面貌。其中，2000年以来，科学技术部联合有关部门组建的国家科技图书文献中心的数字资源共享服务的推进、CALIS项目的建设、中国国家数字图书馆计划的展开，以及2004年以来国家科技基础条件平台中的科学数据共享平台、科技文献共享平台项目的实施和2006年3月中国科学院国家科学图书馆（现为中国科学院文献情报中心）组建基础上的面向科学研究的数字化信息服务的规划，标志着我国基于网络的数字化集成信息服务开始进入一个全面发展时期。此外，包括各类图书馆、科技信息部门在内的传统信息服务机构纷纷进行新的服务定位，积极开拓网络服务业务，形成了信息服务的社会化、网络化和数字化、集成化转型发展格局。但是，应该看到，我国信息服务的整体水平仍处于发展中国家的水平，各部门、系统的服务处于分散状态，缺乏国家层面和行业层面的规划、协调和控制；行业间、地区间的"数字鸿沟"和服务产业化的限制，影响着基于网络的信息服务效率与效益。

信息资源建设与信息服务发展表明，网络环境下的信息资源建设，应从以"占有"信息资源为中心转换到以"集成"信息资源为中心。传统信息资源的建设强调"占有"，人们进行信息资源建设往往是追求"占有"丰富信息资源，把信息资源"集中"在自己的图书馆这个物理空间。资源建设的一个重要指标就是"馆藏量"。这个"馆"被实实在在的物理边界所限制，用户在利用馆藏文献时，必须守时守界。现代信息资源建设强调"集成"。在网络时代，信息资源结构多元化，信息传播多维化，信息系统开放化，信息时空虚拟化，以网络为平台的新的信息资源保障与交流机制正逐渐形成，馆藏的概念不再仅仅限于本馆实际所拥有的资源，而是扩展到联盟或集团共享资源，再到跨空间的虚拟资源。网络的发展使人们可以跨时跨界地获取信息资源，对图书馆储藏的一次文献的依赖性逐步降低；如果再要把"占有"多少信息资源作为建设目标，既无必要，也无可能，需要做的是如何能够按照需求牵引、服务第一的原则，把物理上分布的信息资源通过网络连接起来，再加上信息技术和应用软件的支持，形成信息资源集成服务环境。因此，在规划信息资源建设时，要促进由"占有"向"集成"转变。"集成"的出发点不是"拥"和"有"，而是整体化、一体化的整合过程，强调的是体系，而不是单体。在指导思想上，要从以集中地"占有"信息资源为中心转换到以分布地"集成"信息资源为中心，并以此带动信息资源建设和开发利用的跨越式发展，带动信息服务行业工作方法的全面变革。信息资源集成建设的目的并不是信息资源本身，而是在于提高信息服务工作的效能，充分发挥信息的价值，实现信息集成服务。把发展的终极目标设定为信息集成服务，必然会有利于促使信息服务工作在信息化时代中尽快进入国民经济建设的主渠道。

3.2 基于网络信息资源整合的服务视角分析

网络环境下，信息载体的数字化、信息组织开发技术的集成化、信息经济的主流化和信息服务的社会化、开放化，决定了基于网络的信息资源整合的基本模式。

3.2.1 从信息载体演化的角度看信息资源整合

从系统工程的角度来讲，整合是对各系统单元进行调整、合并以减少重复，消除阻塞，提高互通能力，实现信息共享。在此意义上，我们可以从载体演化的角度将信息资源整合划分为 3 个发展阶段：文献信息资源整合阶段、数字信息资源整合阶段和知识信息资源整合阶段。其中数字信息资源整合阶段是信息资源整合发展的主流阶段。

1. 数字信息资源整合使信息资源开发和利用进入快速发展阶段

文献信息资源共建共享的历史虽然很长，但发展速度并不快。在 20 世纪 60 年代之前，由于受技术条件的限制，可以共享的资源及实际的共享范围都是有限的，文献信息资源共建共享处于渐进的量变阶段。随着计算机技术和现代通信技术的发展，特别是数字化技术及其网络技术的发展，文献信息资源共建共享进入了一个从量变到质变的发展阶段，信息资源整合也进入快速发展阶段。

（1）数字信息资源整合丰富了信息资源整合的内容

随着现代信息技术的发展，数字化信息资源从数量和种类上都有了极大的充实和丰富。从利用的角度看，数字信息资源由于具有易检索，没有时间、空间的限制等特点，在实际应用中占有突出的地位。以大学图书馆为例，2001年后图书馆借阅书刊的读者数呈递减趋势，而网上数字信息资源检索呈倍增趋势。由此可见，当前数字信息资源利用率是非常高的，数字信息资源逐步发展成为现代信息资源主流资源之一。数字信息资源整合中的资源载体更为多元化，信息形态也更为多样化，多种媒体信息的共存互补，形成了现代信息资源整合的新格局，丰富了信息资源整合的内容。

（2）数字信息资源整合的深化拓展了信息资源整合的范围

随着数字信息资源整合的发展，人们对信息资源整合的认识逐步加深，信息资源整合的内容也从文献信息资源的共建共享逐步拓展到与信息资源相关的各要素的整合，信息资源整合的内涵与外延得到很大的拓展。其内容包括：①信息集成，主要研究数据库、数据仓库、系统运行过程中产生的信息、网络信息与非网络信息等信息资源的整合；②应用集成，主要研究在信息资源整合系统的基础上如何开展各种应用服务，包括用户需求信息的整合及其各种应用服务的整合；③网络集成，主要研究开放的集成网络，内部网、外部网协同，信息技术支撑环境等；④管理集成，主要研究技术管理制度集成（数据标准、信息技术结构体系、信息技术转移、信息技术支持等的集成），组织管理制度集成（文献信息资源共建共享管理、作业人员管理、用户管理、文献信息流程管理等的集成），创新制度管理集成（技术创新管理、组织创新管理、知识创新管理等的集成）。

（3）数字信息资源整合的研究扩展了信息资源整合的层次

数字信息资源整合的发展，使信息资源整合的层次得到扩展。以企业为例，企业数字信息资源整合总体来说经历了数据集中、文档集成、资源整合和行业融合等整合阶段：①数据集中阶段，这里的数据主要是指由各种应用系统所生成的结构化信息，非结构化信息的整合是数字信息资源整合研究之初的主要课题。②文档集成阶段。除结构化信息之外，非结构化信息，如网页、各类电子文档、音频、视频等文档信息更加广泛地存在于各个角落。研究结构化信息与非结构化信息的整合是信息资源整合的进一步发展。③资源整合阶段。信息资源与人力、物力、财力和自然资源一样，都是企业的重要资源，在以信息制胜的互联网时代，信息资源则更显重要。除数据集成和文档集成之外，信息资源整合更应该强调对信息的整体规划与管理，这不仅包括对信息架构的整体构建、信息人员的配置、业务流程的改造，还包括在此基础上的信息管理与利用，追求信息资源管理的高效、实效、经济。④行业融合阶段。就一个信息服务部门或公司企业而言，对其内部信息资源的整合是自身可控的，而对其所处行业的信息资源的整合是不可控的，或者说是需要其他同行业企业，甚至政府部门协助完成的。如何做到及时获得行业信息，把握行业发展趋势，保持与行业的融合是信息资源整合发展的另一重要层次。

2. 知识资源整合是信息资源整合的发展方向

知识因其载体的特殊性及组织的复杂性被列为新的载体形式信息。从知识存在形式来看，其载体分为3层。创造知识的人脑是知识的第一层载体，滞留在第一层载体中的知识具有"隐性"的特征，这类知识往往是大量的。语言、文字、图形是知识的第二层载体，它们将第一层载体中的知识用多种形式表现出来，使知识具有"显性"特征。对语言、文字、图形进行记录的录音机、磁带、磁盘、纸张、计算机等是知识的第三层载体。知识信息资源整合的任务主要集中于以下两个方面：一是第一层载体形式的知识与第二、第三层载体形式知识的整合；二是第二层、第三层载体形式知识的一致性、整体化的研究。通过以上两个方面的知识整合，将以上3个层次载体的知识元素依据一定的逻辑规则有机地结合在一起，使知识有序化、层次化，从而高效地利用信息资源，以促使知识创新。数字信息资源整合所积累的丰富经验及人们对知识信息的需求为知识信息资源整合的发展提供了必需的条件，使知识信息资源整合从局部走向整体，从自发的行为发展到精心计划的过程，从偶然的现象发展为信息资源整合必然的发展趋势。

3.2.2　从信息技术集成化发展看信息资源整合

约翰·钱伯斯对现代社会中信息技术定位的深刻见解是，信息技术已经从一个不错的生产力工具发展成为社会进步的基本推动力，信息技术已由局部到全局、由战术层次到战略层次向信息资源建设全面渗透，运用于信息资源建设的各个环节，对信息资源建设有着全面和深远的影响。

1. 基于信息技术进步的信息资源建设

随着信息技术发展，信息资源建设呈现出阶段发展趋势。从总体上看，信息资源建设经历了以下几个阶段。

（1）面向资源的信息资源建设

在信息技术发展的初级阶段，由于受计算机硬件、软件的限制，数据处理停留在批处理阶段，数字信息资源量少，信息资源建设主要以文献信息资源的收藏和利用为主，各信息服务部门都特别注意信息资源的"藏"的建设，即信息资源的收集、购置与保藏。

（2）面向交流过程的信息资源建设

随着信息技术的飞速发展，联机信息检索、光盘信息检索、网络信息检索等迅速发展，信息资源建设得到快速发展。如何将信息资源快速、准确地传递给用户逐步成为信息资源建设的主题。在面向交流过程的信息资源建设阶段，信息资源交流、传递的条件得到很大改善，信息资源数字化成为一大主流。

（3）面向用户的信息资源建设

随着信息技术的进一步发展，人们开始从用户需求入手，从技术和管理的角度研究信息系统集成及与之相关的信息资源整合问题，以满足用户的个性化与知识化服务的需求。

信息资源建设阶段性发展与信息技术的发展有着密切的关系，当前，计算机网络技术及现代通信技术是面向交流过程的信息资源建设发展的直接推动力，数据仓库技术、数据挖掘技术、人工智能技术，以及相关的应用软件、设计语言等则是面向用户的信息资源建设得以实现的保障，信息技术的进步是促使信息资源建设快速发展的主要推动力。

2. 信息技术集成化发展的趋势及其对信息资源整合的促动

对于信息技术集成化，国内外的专家从各个方面做了很多的研究，得到了丰硕的成果。其中的代表人物有理查德·诺兰（Richard Norlan）和米歇。理查德·诺兰在20世纪80年代初总结美国计算机技术应用于企业信息管理时，提出了信息技术应用发展的6阶段模型，如图3-2所示。

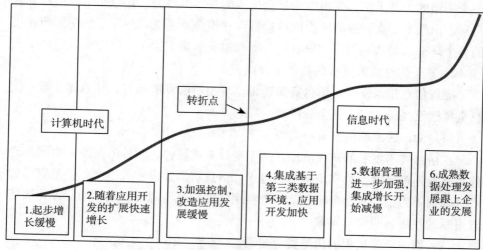

图 3-2　信息技术应用发展的 6 阶段模型

　　如图 3-2 所示，前 3 个阶段具有计算机时代的特征，后 3 个阶段具有信息时代的特征，其转折点处即为进行资源整合与系统集成的时间。20 世纪 90 年代初，米歇对信息技术的综合集成与信息要素融合进行研究，从而提出信息技术集成的阶段化发展模型，如图 3-3 所示。

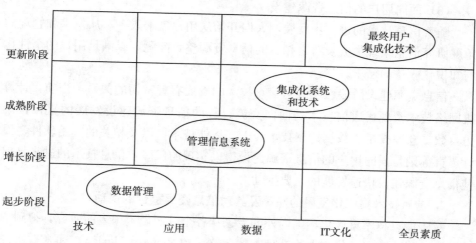

图 3-3　信息技术集成的阶段化发展模型

　　图 3-2 和图 3-3 这两个模型虽然是针对企业的，然而对于信息资源的整合具有普遍意义。随着信息技术由分散到集成化方向的发展，我国的信息资源

建设也呈现出整合发展趋势，如在现代信息服务业中，信息服务部门的资源平台建设、服务组织、组织结构都呈现出集成化发展趋势。

在资源平台建设方面，利用信息技术组建的国家科技文献保障高端交流平台、国家标准信息资源共建共享平台，促进了我国信息资源整合的发展，提高了信息资源的利用率。例如，国家科技文献保障高端交流平台通过整合中国科学院文献情报中心、国家工程技术数字图书馆、中国科学技术信息研究所、机械工业信息研究院、冶金工业信息标准研究院、中国化工信息中心、中国农业科学院国家农业图书馆、中国医学科学院医学信息研究所的信息资源，构建一体化的信息资源平台，为科技文献信息资源的共建共享提供了基础。

在服务组织方面，随着异构信息资源整合技术及其智能检索技术的发展，信息服务部门相继开发或购买信息资源跨库检索系统，并据此开展跨库检索服务，实现信息检索一体化服务。例如，清华大学的跨库检索系统便整合了100多个国内外的数据库资源。用户可以通过该系统一个检索入口，同时检索各类期刊、会议文献、报刊资料、学位论文、科技报告、专利说明书、音像资料等类型的信息资源，降低了信息检索的难度。

在组织结构方面，网络通信及办公自动化技术的发展使信息服务部门的组织虚拟化、集成化成为可能。例如，国家科技图书文献中心就是一个虚拟的科技文献信息服务机构，该中心的领导决策机构由各领域专家和有关部门代表组成，负责科技文献信息资源共建共享工作的组织、协调与管理，通过网络整合相关的管理工作。

由此可见，信息技术集成化发展作用于信息资源建设的各个环节，促进信息资源的全面整合。可以预见，随着信息技术集成化的进一步发展，信息资源整合的深度与广度都会大大地拓展，最终实现信息资源的无缝连接和优化配置。

3.2.3 从信息经济发展的角度看信息资源整合

随着信息技术在社会经济发展中得到广泛应用，人们进入信息经济时代。在信息经济时代，社会可共享的信息量成倍增长，导致信息过剩和知识匮乏，促使人们对知识资源整合的需求日益强烈。信息资源整合是解决信息经济时代信息过剩和知识匮乏的有效途径。

1. 信息经济时代的信息过剩与知识信息匮乏的状况

19世纪信息量翻一番需要近50年，20世纪初信息量翻一番需要20年，

20 世纪 50—60 年代信息量翻一番需要 10 年左右，20 世纪 70—80 年代信息量翻一番需要 5 年，进入 20 世纪 90 年代，尤其在网络环境下信息量不到两年就会翻一番。在信息经济时代，用户可获取的信息数量成倍增长，但是用户的本质需求并不是获取大量的信息，而是获得对自己有用的信息和能够帮助自己解决问题的知识信息。单纯的信息数量增加并不是解决这一问题的有效方法，有时甚至会出现信息过剩现象，即用户获取的信息规模超过了用户的吸收和辨别能力，使用户面对海量信息而不知所措。如何把用户所面对的大量信息进行甄别、过滤，从中提取能为用户解决问题的知识信息并以直观的方式显示出来，便是信息资源整合要解决的问题。通过信息资源整合，充分利用多源的信息资源互补性和计算机高速运算与网络智能技术，从大量信息资源中发现有用的知识，进而揭示出隐含的、先前未知的并有潜在价值的知识信息，以满足用户对知识信息资源的需求。

2. 知识信息产生与信息资源整合

对于一个组织来说，知识信息的产生主要有以下 4 种方法：合并化法、内生化法、社会化法和外部化法。组织内知识信息的产生过程是一个螺旋上升的过程，每一种方法都可以作为知识信息产生的起点，并激发其他几种方法以产生更多的知识信息。这些知识信息分布在组织的各个角落。如果没有有效的知识信息组织机制，这些零散的知识信息将很难发挥它们应有的作用，甚至一些不真、不全的知识信息会给组织的决策产生副作用。为了保证该知识信息产生的螺旋模型正常、高效地运转，组织应进行知识信息资源整合，其主要内容包括：组织内知识信息资源的整合、系统内拥有知识信息的人的整合、拥有知识信息的人与组织资源的整合。通过以上三个方面的整合，实现组织内知识信息的无缝连接，加速知识的传播与利用。由此可见，信息资源整合是解决信息经济时代信息过剩和知识信息匮乏的有效途径之一，是信息经济发展的必然产物。

3.2.4 从信息服务的组织机制变革看信息资源整合

网络环境下，用户信息需求的社会化，促使信息服务的组织机制从封闭的系统内服务向开放的社会化服务发展。信息服务组织机制的这一变革必然会对现代信息资源整合提出新的要求。

1. 信息服务的开放化、社会化

信息服务的开放化、社会化主要包括两个方面的内容：①信息服务机构要与社会政治、社会经济、社会文化和社会信息环境有机地结合，利用网络环境下丰富的信息资源，完善自身的信息资源建设；②信息服务机构应该面向广泛的用户对信息、知识的实际需求，调整自身体制和运行机制，利用自己的资源、人力、技术等优势，为用户提供优良的信息服务，求得社会效益与经济效益的双赢。信息服务的组织机制的这一变革是由网络环境下用户的信息需求、信息资源自身的公益性及市场经济环境下信息服务业自身发展的需要共同驱动的。多年的信息服务实践证明，网络环境下信息服务的开放化、社会化发展趋势是必然的，信息服务部门应该顺应发展趋势，整合自身的信息资源，建立完整的社会信息保障体系。

2. 信息服务的组织机制的变革对信息资源整合的要求

信息服务的社会化、开放化发展对信息服务机构的信息资源整合提出了以下几个方面的要求。

首先，通过内部信息资源整合，提高信息服务质量。信息服务机构的内部信息资源整合可以从以下几个方面着手：其一，应用信息新技术，促进信息资源的数字化、网络化、知识化建设。其二，通过业务流程重组，组织工作流程的变革、组织结构的变革，以及组织中的人员、资金、设备的调整，将有限的信息资源整合到核心流程中，形成自身的核心竞争力，以在社会化信息服务的激烈竞争中取胜。

其次，通过外部信息资源整合，增强信息服务机构的资源建设。信息服务机构之间联手，共建共享信息，是一种行之有效的信息资源整合方法。CALIS和全国文化信息资源共享工程便是信息服务机构之间信息资源整合初步成功的案例。另外，信息服务机构还应该充分利用互联网的信息资源，将互联网上大量的免费资源加以收集、整理，形成自己的特色数据资源，这样不仅可以满足用户的信息需求，还可以节约大量的资金。

最后，信息服务机构通过与社会产业间的协作，提高信息服务的经济效益。按照经济学的二八法则——企业取得的 80% 利润是由 20% 的客户提供的。信息服务机构应该在满足广大普通社会用户信息需求的同时，特别注意为公司、企业、政府部门等大客户提供信息服务。例如，中国煤炭工业协会科技文献信息咨询专业委员会就是由中国矿业大学、辽宁工程技术大学、山东科技大学等 12 所高校联合成立的，专门为应急管理部信息研究院（煤炭信息研究院）及其相关的煤业集团提供市场供求信息、产品开发信息、专利文献、法律法规、管理经验、竞争对手情况等信息服务，获得了很好的社会效益和经济效益。

3.3 信息集成服务的发展历程及其对网络信息资源整合的要求

信息服务作为一种基本的社会服务,随着社会的发展经历了一个服务内容、服务技术和服务体系的演化过程。在社会发展综合因素的作用下,现代信息服务呈现出综合化、集成化和社会化的发展趋势,从而提出了基于整体化和集成化发展的信息资源整合的新课题,要求以需求为导向,从社会发展的全局来整合信息服务资源。

3.3.1 信息集成服务的发展历程

1. 国外信息集成服务的发展历程

1999 年起,新加坡、印度尼西亚、澳大利亚共同组织,并召开了多次国际信息集成与 Web 应用服务会议,针对信息集成服务系统在数量、类型、创新上的飞速发展,探讨信息集成服务中的相关技术和理论与实践问题。国际信息集成与 Web 应用服务会议引起了国际社会的广泛关注,国外信息服务业已通过机构合作掀起新一轮的竞争高潮。例如,美国科学信息研究所(institute for scientific information,ISI)的 Web of Science 不仅联合了 EBSCO、INSPEC、BIOSIS 等文献信息提供商,还与主要的一次文献出版商 Academic Press、OCLC、Springer-Verlag 等建立了合作及伙伴关系,同时与一些专业网站(如 Nerac. com)合作。通过合作,美国科学信息研究所不仅整合了自身的一系列数据库,而且链接了其他出版公司的数据库、原始文献、图书馆 OPAC 及网络资源,形成了一个强大的、基于知识管理的学术信息集成服务体系——ISI Web of Knowledge。该学术信息集成服务平台,利用其独具特色的引文服务、网络链接服务,使用户可以在统一的界面实现跨库检索,一次性获得包括期刊、专利、会议记录在内的多类型信息,最后通过结果的查重处理来过滤检索结果。

从发达国家的实践看,信息集成服务只有在信息资源整合充分、组织有序、分布合理的情况下才能有效地进行。为了建好信息集成服务体系,各国政府一般都重视三方面的工作:一是国家信息基础设施建设;二是信息资源的建设;三是保证信息流动的畅通有序。

2. 中国信息集成服务的发展历程

面对国际信息化的大环境和全球经济一体化的发展格局,我国的信息服务业正处于以部门、系统服务为主体的封闭模式向社会化信息服务开放模式发展的转型期。例如，在地方信息集成服务中，上海地区在 1996 年实现了上海经济信息网、上海科技网、中国科技网、上海教育与科研网和上海公共信息网的链接，按"一网联五网"模式进行运作，采用资源共享方式开展交互式信息服务，收到了较好效果。在新的服务需求驱动下，传统的图书情报服务机构和各种专业性信息服务机构开始注重基于新的服务平台的内外信息资源的综合利用和信息资源的充分挖掘。CALIS 发展了 152 个高校成员馆，开展了公共目录查询、信息检索、馆际互借、文献传递、网络导航等网络化、数字化文献信息集成服务。2000 年 6 月，科学技术部会同国家经济贸易委员会、农业部（现为农业农村部）、卫生部和中国科学院等组建的国家科技图书文献中心，就是在网络环境下中国科学技术信息研究所、中国科学院文献情报中心等单位的信息资源共享基础上的面向多系统、多部门用户的信息服务"虚拟"联合体。同时，以中国国家图书馆为中心的国家数字图书馆工程建设得以实施。2006 年 3月，中国科学院国家科学图书馆成立。新组建的中国科学院国家科学图书馆从体制上保证了统筹规划、共建共享、联合服务，提高了信息集成服务能力，加强了信息资源联合保障体系和集成服务平台建设，形成了集成化、协同化的战略情报研究体系。这说明，我国以国家规划为主导的专、通结合的社会化信息集成服务体系正在形成。显然，基于信息集成服务实践的发展，提出了信息资源整合管理的新课题。

3.3.2 信息集成服务对信息资源整合的要求

信息集成服务是指在网络环境下，以现代信息集成理论和技术为基础，通过对服务要素进行集成与动态整合并构建优势互补的集成化服务体系，使用户在最少的时间里通过最小的成本利用获得最需要的资源和服务的一种服务理念和模式。信息集成服务不是信息业务板块的机械拼凑，它是一个现代化的服务概念，是分布服务的飞跃，是对集中服务或分散服务的否定。集成服务意味着集成后的服务总效益大于集成前的服务分效益之和。信息集成服务使信息资源整合的范围进一步扩大，要求信息服务体系能够处理、组织和服务更多类型、更大规模的信息资源；不同的信息服务体系对不同用户提供更具针对性和个性化的服务；使信息变得更有用，即通过各种手段（过滤、排序、相关等）向用户提供有用的信息。而现有信息资源的组织与管理基本是以资源为中心，而不是以用户为中心的，对任何用户都是一种模式，无法根据用户的个性化需求提供相应的信息资源。因此，集成信息服务对信息资源整合提出如下要求。

1. 信息资源整合要全方位整合

（1）多要素整合

集成信息服务要求信息资源整合不再限于文献信息资源本身，而是将各种信息资源、信息服务机构、人力资源、信息服务技术、信息基础设施和用户集为一体的全面整合，是信息服务整体化发展与信息资源社会化组织的具体体现。

（2）面向社会的开放式整合

我国社会化信息服务模式正处于从面向部门、系统的封闭式服务模式向面向社会的开放式服务模式转型过程中。我国的科技信息机构、社会科学信息机构及其他信息机构分工明确，基本上按主体业务内容与部门组建，按其服务的系统和部门区分，形成了相对完善的系统、部门体系结构。以 CSDL、CALIS 等为代表的数字化信息集成服务体系的实施，标志着我国以国家规划为主导的专、通结合的社会化信息服务体系正在形成。

（3）基于网络的整合

现代信息资源的组织与服务发展离不开网络环境和技术支撑，这是现代条件下信息资源整合与传统的文献资源协调建设和共享的本质区别。从技术应用层面看，全面整合包括基于数字化技术和资源共享的信息服务网络融合，要求从技术标准化层次和全面管理上推行整合技术平台战略，解决平台应用中的各种现实问题。

（4）多类型信息资源整合管理

现代条件下信息资源整合不再局限于图书情报机构所拥有的文献，而是包括各种形式的信息资源整合，然而，这些信息资源必须以其数字化转化为前提。这就要求从信息资源的组织上，有效地改变传统的信息管理结构，实现信息的多重管理，以利于分布广泛、类型各异的信息资源面向用户转化和开发。

2. 面向用户信息资源集成要求

随着信息资源的爆炸式增长，用户面临的问题逐步从如何查找信息转变为如何从信息海洋中筛选出所需要的信息。简单的信息资源共享已经不能满足用户的需求，甚至出现了信息过剩现象。信息用户希望互联网能够提供给他们一种经过筛选、整合、优化之后的个性化信息服务。在集成信息服务中，为满足用户对信息"精""准"的要求，需要对信息资源进行精加工，具体信息服务链见图 3-4 所示。

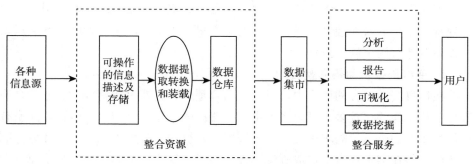

图 3-4　面向用户的信息资源集成

由图 3-4 面向用户的信息资源集成可知，集成信息服务主要给用户提供以下服务：用户界面定制、信息推送、智能代理等。为此，它要求信息资源建设从整合资源、整合服务两个方面进行信息保障。前者通过一个门户入口提供知识导航——利用现有的元数据、数据仓库、知识挖掘等信息技术，对各种异质的信息资源进行重组、整合，从中提取能够解决用户问题的知识，并以用户能够接受的方式发送给用户。后者是利用计算机、网络技术为用户提供全方位、一站式的个性化服务，如对数据仓库中的信息进行关联分析、数据挖掘，并以可视化的方式提供给用户。

集成信息服务要求将面向信息的信息资源建设转变为面向用户的信息资源建设。由于受传统信息管理与服务的影响，我国信息资源建设的目标集中在对信息本身的收集、整理、加工和存储方面，所以重点也集中在信息组织的机理与技术研究上；而面向用户的信息资源建设以及在此基础上开展的个性化信息服务，是未来信息资源建设和信息服务的发展方向。因此，基于集成信息服务的信息资源平台建设也应该从用户的需求着手，着重于面向用户的信息资源建设。通常情况下，用户的信息难以收集，因为其涉及个人隐私，如职业、职称、爱好、姓名、年龄等，也不便通过其他方式收集。但在集成信息服务中，毫无疑问获取的用户信息越充分，就越能根据用户需求提供高相关度的信息。因此，比较有效的办法是：细分用户群，将用户纳入用户群组，为不同的群组成员提供不同的信息服务。这样，既满足用户的相对个性化的需求，又有利于系统组织和优化信息资源。具体来说，本文建议可以从用户的角色入手来划分用户群体。值得注意的是，在现实生活中，用户往往扮演的是多重角色，如一名博士研究生可能是一位教师，也可能是一位家长，还可能是一位音乐爱好者，等等。为了能更好地将用户归于某一适当的用户群组，可以按照影响用户信息需求因素的重要性来给角色排序，如用户的职业、用户的职责、用户所受的教育、用户的兴趣爱好、用户个人的信息素养等主要因素。为此，本文建议可以逐层地对用户群进行划分。

3. 变纵向整合为横向整合

在信息资源整合的研究中，对信息内容整合、企业机构整合及服务整合等进行单独研究的比较多，且大多突出信息资源的合作开发与资源整合，而没有从信息用户的全方位需求出发，将系统资源、机构、人力资源、服务环境等综合考虑，这在某种程度上造成资源建设、服务与用户需求的脱节。为了充分发挥信息资源整合的最大效益，应该从用户服务组织的机理出发，对机构、服务、用户及资源进行重组，使用户与系统的交流更顺畅，也促使系统资源得到更充分的利用。以为用户服务为主线，将以上方面组织起来，使其成为集成信息服务中信息资源平台建设系统的有机组成部分，真正形成用户—服务—资源一体化建设，如图3-5所示。

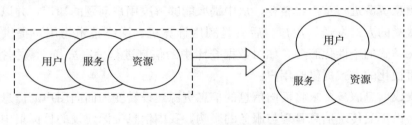

图3-5 用户—服务—资源的链式模型与交互模型

从图3-5可以清晰地看到，在目前的串行模型中，用户的信息需求只有通过服务组织传递给资源系统，系统处理后再提交给用户，这种通过中间环节进行的交互，在服务效率与效果上都有所降低。如果将用户需求信息直接纳入资源建设的一部分，利用数据挖掘技术对用户需求信息进行分析，就可以直接将用户需求处理的结果传递给用户。例如，在期刊服务中，系统可以自动分析用户在检索时失败的次数及其原因。当用户提交最近三个月的期刊文献检索要求总是失败时，系统资源建设部门则可考虑自建一个现刊目次查询库以满足用户的信息需求；若系统发现检索时间过长的用户往往频繁使用不规则的检索词，系统资源建设部门则可通知服务部门就各专业学科进行单独的检索培训等。这种用户—服务—资源互为一体的信息资源建设系统，将会大大提高服务效率，产生良好的效果。

3.4　网络信息资源整合与集成服务发展定位

基于网络的信息资源整合和面向用户的集成服务，是推进社会化数字信息服务的两个重要方面，是面向用户的服务取向。信息资源整合与集成服务作为整个国家图书情报事业发展战略的一个重要组成部分，应将其纳入国家信息化管理体系，制定合理战略定位和发展规划。

3.4.1　信息资源整合与集成服务的内容与层次

信息资源整合是根据一定的需要，对各个相对独立的信息资源系统中的数据对象、功能结构进行融合、类聚和重组，重新结合为一个新的有机整体，形成一个效能更好、效率更高的信息资源体系，从而保证信息资源得到更好的利用。信息资源的庞大和分散分布要求将不同时间，由不同开发技术、不同内容和不同形式的信息资源集成起来，以便提供高效、快捷的信息服务。信息资源与集成服务层次包括以下 4 个方面。

1. 信息技术集成

服务集成伴随着技术集成的发展而发展，它要求对服务流程进行简化、规范和优化，以便为用户提供最简单、方便、快捷的服务。计算机技术和网络技术的发展，使得信息服务集成在技术上变得相对容易。信息技术集成包括计算机、数据库、网络、数据挖掘、智能代理、信息推送和信息过滤等技术的组合运用。

2. 信息资源集成

信息资源集成就是将信息资源各要素有机地链接成为一个整体的动态过程，是对各种信息的重新组织。在信息机构内外部存在大量结构化和非结构化的信息源，如各类电子文档、音频、视频等文档信息。将内外部信息资源集成在一起，成为信息机构不得不考虑的问题。集成的内容包括各种形式的数字资源和非数字资源，主要有二次文献、电子图书和期刊、数据库、多媒体资源、"数字原生"和网络资源。信息资源集成强调对信息服务资源的整体规划与管理，这不仅包括对信息资源的整体架构、信息人员的配置和业务流程的重构，而且包括在此基础上的面向用户的资源集成。

信息资源集成包含三方面内容：一是将内部信息资源和外部信息资源进行有机融合；二是构成一个高效合理的信息资源体系；三是实现信息资源的整体

利用价值。这三方面也是信息资源整合的目的。信息资源集成要注意信息资源整合的深度和广度。

一是信息资源整合的深度。信息资源整合的深度从内容上反映了信息资源整合的程度，显示了信息资源价值链的延伸程度。知识发现和数据挖掘深度整合的结果应该是增值的信息。在信息服务中，用户看重信息的"易得"和"有用"。随着社会的发展，用户会强调基于自身个性化需求和体验的资源利用和价值转化。当前，信息机构提供的资源服务集成度不高，整合有待从数据集成、处理功能集成及服务集成的角度进行深化。在一定条件下，信息资源整合的难点不是技术，而是服务。服务集成伴随着技术集成发展而发展，它要求对服务流程进行简化、规范和优化，以便为用户提供最简单、方便、快捷的服务。

二是信息资源整合的广度。就整合实践而言，我国在整合上缺乏明确的用户导向，信息机构之间的合作过于松散，以至于服务的集成和深层次的网络信息资源整合难以实现。造成这一现象的一个很重要的原因是信息资源整合的广度不够，从而使信息资源难以在更广的范围内发挥作用。因此整合的基点在于注重网络信息资源的整体融合，以实现资源效益的最大化。

3. 信息服务集成

信息资源集成的最大难点是，在进行信息技术集成的同时进行信息服务集成。由于先进技术的不断应用，信息机构的信息资源组织、信息服务的提供与用户需求越来越不协调。信息服务集成就是要解决这一矛盾，减少由于用户自身知识结构的不合理带来的信息服务的不满足感。信息服务集成包括信息交流和利用过程中各种集成化服务，如跨库检索、信息导航、信息咨询、信息定制、信息交流和用户培训等。

4. 信息机构的合作与融合

对信息机构而言，其内部信息资源是可以控制的，而外部信息资源难以控制，因此需要进行机构间的合作与融合。对用户而言，需求的多元化、个性化和综合化要求信息机构为他们提供多功能、集成化的信息服务，以避免花费大量精力和时间去寻找分散的信息，这就要求信息机构实现跨系统的资源重组与服务整合。就整体而论，信息机构为了把握信息服务的发展，提升综合服务水平，进行资源的全面整合是必要的，也是可行的。

以上几个方面的集成相互关联，决定了基于现代技术和环境的、以用户为导向的信息资源与服务的整合发展战略内容。

3.4.2 信息资源整合与集成服务战略目标及其实现原则

信息资源整合与集成服务有宏观、微观两个层面的战略目标。宏观战略目标是使基于互联网沟通的有关成员机构,能够充分而合理地共享资源,能够有效利用平台工具开展面向用户的集成化服务,通过集成资源、流程及业务,将有关的技术、管理和服务纳入社会化的资源整合和服务组织轨道。微观战略目标是用户通过集成服务满足全方位信息需求,享受一站式服务。

信息资源整合与集成服务宏观和微观两个层面的战略目标的实现需遵循以下几个原则。

其一,按整体化原则,构建社会化资源整合与服务组织。资源整合与服务组织必须打破部门的限制,实现跨系统的资源共建共享和联合,以网络技术平台的使用和专门性信息资源与服务网络融合为基础,构建支持国家可持续发展的服务平台,解决各系统的互联和协调服务问题。

其二,按利益均衡原则,实现资源整合和服务组织与共享中的权益保护。资源整合和服务组织的社会化使用必然涉及国家、公众以及图书情报服务机构,资源提供者、组织者,用户以及公益性服务以外的网络信息服务商、开发商的权益。保证信息安全、防治信息污染,是资源整合与集成服务的关键,它要求法规、行政管理和社会化监督做保证,创造良好的社会环境及条件。

其三,按有利于技术发展原则,建立完善的资源整合与集成服务实施的标准体系。基于网络的资源整合与集成服务取决于信息技术的应用,其有两个基本要求:一是技术的应用与信息技术和网络的发展同步;二是实施统一的技术标准。因此在技术战略构建上,必然要求采用通用的标准化技术,实现资源整合和集成服务的优选组合,同时力求实施动态的标准化战略,为新技术的应用留有空间。

其四,按面向用户的原则,进行宏观战略规划和微观业务管理。信息服务中的资源整合要适应用户个性化需求与深层次服务要求,这就要求实行面向用户的组织原则。具体来说,就是要将通用平台和面向用户的平台接口解决好,使整合的资源能够通过具体的信息服务单位得以面向用户重组,形成以用户为导向的资源整合与集成服务机制。

其五,按照促进业务拓展的原则,为信息服务业务提供空间。目前基于网络的垂直网站、门户、信息推送、数据挖掘、知识重组、智能代理、虚拟数据库服务和基于用户体验的信息构建服务应在资源整合与集成服务基础上发展,在战略上，应将服务业务的拓展与资源建设相协调，以此推动面向用户的集成化信息服务的发展。

3.4.3　战略实施

图书情报事业发展的总战略、信息服务的技术实现和组织流程，都要求基于网络的信息资源整合和面向用户的集成服务组织进行合理规划与定位的。

从图书情报事业发展的总战略看，信息资源整合与集成服务只是其中的一个重要组成部分，其战略实施必须与图书情报的社会发展战略一致。这意味着信息资源整合与集成服务战略必须同国家可持续发展中的图书情报事业体制、体系、基础条件、基本任务和环境相协调。在图书情报事业发展的总战略框架下，制定其战略实施和发展规划。在目前情况下，信息资源整合与集成服务组织，一是在图书情报从部门转向社会的转型发展中实现，二是在网络和信息服务大平台下进行，三是在国家创新发展和信息化前提下进行具体的战略选择。因此，信息资源整合和服务组织的战略，理应分阶段推进。在阶段推进中，寻求最优的组织路径与模式。同时，将面向用户的资源整合与服务集成战略实施纳入图书情报事业创新的轨道，从管理上提供实施保障。近 20 年来，国家信息基础设施建设和信息产业的发展，不仅为信息服务发展奠定了新的基础，而且提出了新的要求。

新的信息环境、技术环境和用户环境需要图书情报事业通过改革和创新来适应。资源整合与面向用户的集成服务，就是一种新机制的确立，要求在事业组织上，提供一种新的组织管理机制。就目前情况而论，图书情报部门的条块结构需要进一步打破。在管理上，可以试行将其纳入国家信息化管理体系，建立新的管理关系和体制。从技术实现和组织流程上看，信息资源整合与集成服务战略实施应着重解决关键问题。在技术实现上，与资源整合和服务组织关系十分密切的是数字图书馆国家工程的推进以及图书情报机构基于新技术的服务集成。信息资源整合与集成服务，作为一个重要的方面，在数字图书馆建设与服务组织中是不可缺少的。资源整合与集成服务又具有通用性，对于传统的图书情报机构的服务是一种新的支持。因此，必须强调要以资源整合和集成服务为基本环节，力求关键技术的解决。在战略实施上，应考虑面向资源整合流程、知识信息深层开发、重组和服务功能整合的技术组合，在关键技术上保证其实现；在战略组织上，保证资源整合和集成服务技术的优先发展。

信息资源整合与集成服务的战略实施需要解决以下问题：

其一，制定信息资源整合与集成服务的战略。在信息服务中，首先应明确信息资源整合的战略目标，制定"整合"的总框架以及有针对性的实施策略。这就要求信息机构明确信息资源整合的目标，有清晰的发展战略。无论是信息资源的建设还是硬件的建设都要有全局观念，要打破条块和部门的局限，向统一化、标准化、规模化的方向推进。

其二，明确机构内外部信息环境与信息需求。信息资源整合与集成服务必须认识到信息环境的多变性和信息需求的多样性，以便在一定环境下，进行用户的需求分析。在具体操作上，应依据信息资源整合与集成服务的战略方向，分析和表达用户需求，对用户目标进行定位，根据用户情况，重新配置信息资源。

其三，进行信息资源整合与集成服务设计。在信息资源整合与集成服务设计中，强调建立完整的系统框架（功能模型、数据模型和系统结构体系模型）和数据标准化体系（数据元素标准、数据分类编码标准、用户视图标准、概念数据库标准和逻辑数据库标准），在此基础上进行应用系统开发，即按照系统框架执行数据标准化，从根本上解决信息资源整合与系统集成问题。与此同时，通过应用系统的开发落实信息资源的整合。信息资源整合与集成服务不能只提出空泛的目标，应用系统设计应将业务流程重组和集成管理模式推进结合起来，寻求集成机构的系统管理办法。

其四，配置相应的人力、技术、设备资源。信息资源整合与集成服务涉及多个要素，包括人力要素、技术要素和设备要素等，如何协调好彼此间的关系，关系到整合效率的提高。在整合进程中，要跟踪与评估要素配置的有效性与实现效益，进行及时的调整和优化。

其五，搭建信息资源整合与集成服务系统平台。信息资源整合与集成服务平台包括整合平台、安全平台、系统支撑平台等。基础架构平台位于硬件网络平台和系统支撑平台之上，应用平台与应用软件之下，用于门户整合、数据整合、应用整合、内容整合、流程整合，以实现共享、交换和协同服务。

4 农业网络信息资源整合的必要性与原则、内容及模式

4.1 农业网络信息资源整合的必要性与原则

4.1.1 农业网络信息资源整合的必要性

农民获取信息渠道不畅，既有的研究显示——主要原因有：缺少必要的硬件设施，如网络、计算机等；农民一般文化水平不高，对电子产品的操作和接受能力有限；农民查找信息资源时对信息的表达方式等与信息资源整合平台对信息的表达方式不一致。农业网络信息资源无时无刻不在更新变化，如果缺少及时有效的组织与整合，信息就会杂乱无章，农民查找和利用信息时就会有诸多不便。例如，一些网络和电视上的养殖、种植广告经常给农民造成困扰，广告展示的养殖、种植产业并不是适合所有区域的，农民如果贸然尝试，可能会造成损失。因此，我们要加大硬件设备的投入力度，积极开展农民信息资源利用的培训，同时，要根据信息资源的实际情况精心筛选整合各类农业信息资源。

张永金认为，进行农业信息资源整合是现代农业发展的必由之路。信息资源整合的实施能更好地促进现代农业的发展。充分利用现代信息技术，整合农业网络信息资源，能够促进生产方式转变和农业生产力的提高，实现农业生产、经营、管理中信息畅通，从而极大地改善和提高农业生产的效率、农业管理和决策水平。在农业系统通过兼并、联合，整合农业信息资源，可以改变目前较混乱的农业网络信息资源建设，实现区域信息共享。

樊琼蔚、李旭辉认为，农村网络信息资源开发利用水平对社会主义新农村建设有着至关重要的作用。社会主义新农村建设的一个重要的内容是加强信息资源整合，扩大服务网络，实现服务创新。信息资源是知识创新和技术进步的根本，可以提高科研工作的出发点，同时可以加快农村科研成果转化推广，促进科学技术转化为生产力，提高农村经济建设的发展水平。进一步推进农业信息化建设和网络信息资源整合，有利于实现社会主义新农村建设的目标，即生

产发展、生活宽裕、乡风文明、管理民主。

4.1.2 农业网络信息资源整合原则

农业网络信息资源整合是一个系统工程，在理论的指导下，农业网络信息资源整合在实施过程中应该遵循以下原则。

1. 完整性原则

完整性原则即农业网络信息资源整合中要保持完整和全面的信息资源对象。农业网络信息资源整合必须系统、全面、持续地从国内、国际各种渠道广泛采集和长时间序列积累各种数字信息资源，特别是本馆重点自建的特色资源，要维护农业网络信息资源体系的连贯、完整和动态更新。此外，我们还需从整体出发，以整体的观念去研究和开展农业网络信息资源整合，追求农业网络信息资源整合的最优效能。在农业网络信息资源整合的过程中，坚持从各个方面、各种联系上进行分析研究。

2. 合理性原则

合理性原则主要是指农业网络信息资源整合项目要全面规划、科学论证、准备充分，整合过程中要确保合理、科学、规范。

3. 关联性原则

关联性是资源的基本属性，是整体性的体现与延续，是系统各层次、各要素之间相互联系、依赖、作用及相互制约的表现形式。关联性原则由农业网络信息资源的内容特征决定，资源对象之间存在各种有机联系，包括资源实体间的关联、资源基本属性之间的多重复杂关联、资源结构间的关联及资源概念语义的关联等。大数据环境下的农业网络信息资源内容丰富多样但结构复杂，而且质量参差不齐。

4. 科学性原则

在农业网络信息资源整合过程中要始终秉持科学性原则，资源的聚合对象、内容和方法等都要经过科学地论证，充分考虑资源所在领域及其自身的结构等特征，选择正确、合适的聚合方式和步骤，对各类资源科学地展开规划、组织与聚合，从而为用户提供准确、有用、符合切实需求的资源。

5. 标准性原则

标准性原则主要是指农业网络信息资源整合时要采用统一的标准。标准化是指元数据格式、描述语言和数据交互接口的标准化等。标准化直接影响到农业网络信息资源整合系统的建设质量和服务效果。遵循统一的标准，才能实现用户与系统、系统与系统之间的有效对接和数据交互，实现信息的规范描述、有序管理、无障碍交换和充分共享。

6. 规范性原则

规范性原则是指采用标准的技术和评价手段，规范地对信息资源进行采集、加工、聚合、整理、保存与管理，最终形成规范化的农业网络信息资源体系。

7. 最优化原则

最优化原则的目标是在农业网络信息资源整合完成后，能够最大化地利用整合后资源。这就是信息资源最优化地组合在一起，整合后松散的数据有机地联系在一起，并且可以找到原本不易发现的信息和知识，为了使检索系统的操作能够取得最好的检索效果，应该尽可能多地采用多种检索方法，这样才能提高查询的全面性和准确性。

8. 动态性原则

动态性原则是指农业网络信息资源整合以后的系统能够随着数据和用户需求的变化而变化。从检索功能上看，系统应该能够满足不断变化的检索需求，具有一定的学习功能，实现动态的推荐服务。

9. 针对性原则

针对性原则是指依据农业网络信息资源整合的目的，有针对性地选择合适的整合工具、方法与技术。在农业信息资源整合与组织中，需要考虑用户的具体需求，并确保整合后的资源符合整体目标，同时满足用户个性化服务的需求。为了实现个性化服务，系统需要提供功能扩展，如个性化信息推送服务。农业专业图书馆实施资源整合，要密切结合其职能定位，将信息资源整合作为充分发挥农业专业图书馆职能的重要资源基础性支撑。这需要我们从用户的实际需求出发，以用户为中心，以需求为导向，展开信息资源的整合，并且针对类型迥异的用户，选用相适应的整合方法与技术工具，按照资源整合的程度与功效，形成从数据到信息、再到知识这三个由低到高的整合层级，最大限度地满足农业科研用户个性化、专业化的资源服务需求。

10. 适度性原则

适度性原则是指不要片面地追求大、多、全，应该根据现有的技术、财务能力适度地整合农业网络信息资源。

11. 经济性原则

经济性原则是指应用优化理论和方法整合，用较小的资金投入实现功能的翻倍增长，同时，农业网络信息资源整合后，拓宽服务范围，提高服务能力，通过多元化服务的途径，产生最大的经济效益，成为满足服务用户、发展自我的整合系统。

12. 特色化原则

特色化原则是指汇聚整合各类资源，突出农业专业特色。在信息资源整合中，充分发挥农业领域的特色优势及其地位与影响，注重汇聚、整合、关联、打通本领域专业信息资源，强化特色资源建设与专业知识服务应用，为用户提供特色服务。

4.2 农业网络信息资源整合的类型与内容

4.2.1 农业网络信息资源整合的类型

翟欣认为，农业网络信息资源整合类型主要有基于不同用户需求的信息资源整合、基于区域特色经济的信息资源整合、基于学科分类的信息资源整合。

姜仁珍等认为，农业网络信息资源整合的类型有多种农业机构之间的横向数字资源整合、同类农业机构之间的纵向数字资源整合、区域范围内的数字资源整合等。

按照农业网络信息资源的不同，农业网络信息资源整合的类型可分为以下几类：一是农业图书资源的整合；二是农业报刊资源的整合；三是农业会议文献的整合；四是农业学位论文的整合；五是农业市场信息的整合；六是农业政府类信息的整合；七是农业教育信息的整合；八是农业多媒体信息的整合。

4.2.2 农业网络信息资源整合的内容

而依据现有研究，农业网络信息资源整合的内容主要包括以下几个方面。

其一，网络信息资源目录。网络信息资源目录也被称为主题指南或虚拟图书馆，主要收集和整理基于网络的各种信息资源。这种信息收集通过手动或半自动的方法进行，由编辑人员基于一定的选择标准来选择链接资源，形成信息摘要的分类框架。然后把资源分类成目录树的形式，这种形式有助于信息的整理和组织，方便用户查找需要的资源。同时，目录树结构也可以作为网络信息资源目录，集成各种类型的资源，提高资源利用率。主要体现在：①提供的信息质量高。②严谨的网络信息资源系统。③提出了一种基于树结构的简单易用的网络信息检索和使用的界面，并克服了用户获取信息资源的限制，提供从复杂网络资源系统的获取便利性。④网络的源目录的适应性广和实用性高。⑤对信息的多方面展示。

其二，搜索引擎。搜索引擎是一类专门提供信息查询服务的网站。搜索引擎的数据量庞大，虽然能做到每日都有小规模的更新，但是一般情况下搜索引擎是按日、周、月进行阶段性不同幅度的更新。搜索引擎在一定程度上避免了用户盲目地浏览信息。搜索引擎作为流行的互联网信息资源组织和检索方法，主要有以下特点：①检索的效率比较高。它有一个数据库包含时间变量，一般只需几秒钟，就能检索保证查询的数据是最新的、最全面的。②自动搜索相关网站，收集各种信息资源。③自动索引是指将这些信息资源目录、数据和编目数据等自动组织到数据库中，使用索引系统程序来分析收集到的网页，提取相关信息，根据一定的算法进行大量复杂的计算，最终创建网页索引数据库。该过程可以自动化地实现网页内容的分类、排序、检索等功能，提高了信息管理和利用效率。④提供基于 Web 的检索和信息检索，包括各种限制，可以根据相关度或其他标准输出结果。

其三，农业学科信息门户网站。农业学科信息门户是经过组织、有序化和人工处理、专家排选、定期检查处理的农业学科信息导航系统，其资源都是有效的。其具有以下特点：①提供链接到 Web 站点或文献在线服务。②智能选择资源，即根据既定的标准选择符合质量标准和范围的资源。③智能生成内容描述，包括短的解释和评论。内容描述使用给定关键字或词。④智能产生浏览结构、内容。⑤至少部分人工创建元数据以对应每个资源。它是农业学科领域的信息资源、工具和服务的集成体，为用户提供方便的信息检索和服务入口。农业学科信息门户通过针对性的分类和进一步阐释，为农业学科用户提供更具体、更深层次的检索服务。它不仅帮助用户在海量资源中快速定位所需信息，还能过滤掉低质量或无关的资源，确保用户选取的是高质量的资源，这样提高了信息的利用效率。

其四，农业科技社团门户网站。农业科技社团门户网站上会发布许多开放性优质学术资源，如期刊、会议、新闻动态、时事通信、最新科研动态、学术论文等。由于农业科技社团门户网站的信息资源比较分散，科研人员检索和查阅科技社团信息时存在一定困难。农业网络信息资源整合可以将分散、独立的农业科技社团门户网站信息资源通过专门的技术和结构整合在一起，构建统一高效的农业科技社团信息资源发布服务平台，可以提高农业科技社团网络学术信息检索和搜集的效率。

农业科技社团门户网站信息资源整合的内容基本框架可设定为以下 9 个方面：①About us，有关科技社团介绍，包括机构的建立、发展历程、宗旨、目标和关注的学科领域等。②Committees/Executive Board，包括农业科技社团管理委员会的基本人员组成及委员信息等。③Publications，提供科技社团出版的期刊、杂志、书籍、会议记录和时事通信等信息。④News（Announcements），新闻、消息、通告等信息。⑤Meetings，农业科技社团的年会、国际会议等的举行时间、会议主题、参加会议须知等信息，以及往届会议的会议论文、会议记录、奖励信息等。⑥Member Center（Membership），主要包括会员入会的须知、流程、会费、会员利益等信息。⑦Blog（Forum），包括热点话题、学科领域最新观点等。⑧Awards，农业科技社团对会员的一些奖励信息、评奖办法等。⑨Contacts，包括农业科技社团的地址、电话、传真、邮箱等联系方式的信息。

4.3 农业网络信息资源整合的模式

农业网络信息资源整合的模式大体可以划分为三种，即数据整合模式、信息整合模式和知识整合模式。数据整合模式包括基于数据物理集成的整合模式、基于数据逻辑集成的整合模式等。信息整合模式包括农业学科信息门户整合模式等。知识整合模式包括基于主题图的资源整合模式、基于本体的资源整合模式等。下面主要介绍数据整合模式。

4.3.1 基于数据物理集成的整合模式

基于数据物理集成的整合模式也可称为数据仓库式的整合模式，从异构数据库系统复制和提取数据，通过分析、整合、转换和加载，从原来分散和不一致的数据转换成同样结构的数据集成，创建一个消除了多样性、具有相当稳定性的数据仓库，提供给用户一个集中的、统一的检索服务，并可以直接从本地数据仓库查询。通过对这些异构的数字资源进行一系列的抽取、解析、净化、转换、过滤、整合等技术处理后，使分散的、不一致的数据转化成公共数据模型并集成到数据仓库中，用户通过对本地数据库的访问实现多个异构数据库的一次性检索。基于数据物理集成的整合模式的基本特征是在同一物理位置来存储数字资源、集中管理来自不同位置的数字资源，提高了数字资源的访问速度和性能。由于一致性存储的数字资源的来源不同，基于数据物理集成的整合模式有利于复杂的信息检索、更深入的数据挖掘、知识发现、个性化服务等。应用基于数据物理集成的整合模式的前提是必须合法地取得（如通过授权）各源系统资源。

4.3.2　基于数据逻辑集成的整合模式

基于数据逻辑集成的整合模式是借助中间结构屏蔽分布式系统的异构性，保持异构资源系统的组织形式不变，通过资源与利用之间的中介机构完成异构数据的集成，也就是通过如中间件、请求代理、标准协议等中介，来完成数据的逻辑集成。中间件是一种支持分布式应用的重要组件，具有标准的程序接口和协议，可实现不同软硬件平台上的数据共享和应用互操作。这种方式是通过包装器/协调器中介结构模式满足系统集成应用的需求。基于数据逻辑集成的整合模式的优点在于，所获数据与异构物理数据源的数据之间没有时滞，保证了数据的新颖性和时效性。其缺点在于，对于一个查询请求，中间件需要访问多个分布的物理数据库，其速度显然要比访问一个物理数据库慢，同时受制于网络状况，访问速度起伏较大，检索效率较低。

4.4　农业网络信息资源整合的应用

当前我国在农业网络信息资源整合应用方面表现较为突出的有中国农业数字图书馆的网络信息资源整合应用，以及河北、河南的农业网络信息资源的整合应用。

中国农业数字图书馆是《中国知识资源总库》的一个重要行业数据库，为我国农业生产一线提供农业实用生产技术指导。其主要特点：内容实用性强，适合农民阅读使用；数据来源权威，动态出版、内容不断更新；得到广大农村技术人员、农民的一致认可。

河北省农业信息化建设资源整合方式为：通过信息雷达自动监控国内外所有的农业信息，并通过抓捕系统予以抓捕和自动入库；涉农部门网站统一建设、统一规划、统一后台，实现省直部门的信息互通和共享；厅属各部门统一规划，建设专门的频道，统一后台，实现联播；地市县统一规划，统一建设；对关键栏目，全省共建统一维护模块；利用中间件和数据集成技术，统一整合地、市（县）、乡、企业的数据信息，既有高度的独立性，又有高度的共享性；购买交换大量的信息。

　　河南省畜牧局信息资源整合的方式为：全省统一规划，统一实施，统一技术标准；省、市、县、企业的信息化建设和应用放在一个统一的技术平台上面；通过行政与市场运营的机制，调动各方面的积极性，达到对全省行政事业科研单位信息的统一整合；通过增值、超值服务，以及行政引导的方法，建设全省畜牧企业信息化体系，整合企业信息；开发统一的资源共享与协同办公软件，全省统一使用；应用分布式数据集成技术和中间件技术，实现全省信息的统一检索和调用。

5 农业网络信息资源整合技术理论、整合技术层次框架、平台构建及应用

5.1 农业网络信息资源整合技术理论基础

5.1.1 农业网络信息资源整合技术相关理论

1. 网络信息资源整合技术相关理论起源与发展

随着数据库技术的发展，各机构纷纷建立了自己的数据存储仓库，给数据管理和使用带来了方便。但是，由于数据库的异构性，用户在检索数据时，所得结果存在大量冗余信息。同时，用户往往会花费较多时间。运用计算机技术，将相关领域的数据资源集成为一体，提高检索和查询的效率，成为解决这一问题的重要方法，信息资源整合的概念随之产生。

20 世纪 80 年代，网络信息资源整合的技术主要是针对异构数据库集成的技术。其主要目标是解决异构数据库的互操作、数据关联和数据结构的统一问题等。

20 世纪 90 年代，随着信息抽取技术的快速发展，人们把信息资源整合研究工作转向页面，网络信息资源整合研究日益繁荣。一些著名国际会议（消息理解会议、自动内容抽取会议、多语言实体任务会议等）对信息抽取技术的发展起到了很大的推动作用。20 世纪 90 年代后期，人工智能研究者提出了基于语义层面的信息资源整合技术，来解决数据库语义异构问题；知识工作研究者深入探讨本体工程研究，使基于本体的信息资源整合技术成为研究的热点。

目前，随着计算机技术、互联网技术、仓储技术、信息服务技术的发展和普及，网络信息资源爆炸式增长。运用信息抽取技术，信息的组织、转换和清洗技术，信息存储技术，信息发布和服务技术对网络信息资源实施有效的整合，形成统一的资源服务系统，方便用户检索和查询，成为当前信息管理者关注的课题。另外，深入挖掘信息资源，发现发掘潜在知识的技术研究也成为一个重要的研究方向。

我国网络信息资源整合的实践始于 20 世纪 90 年代末。通过查阅的文献来

看，2001—2004年，研究型论文较少，为初始阶段；2004—2007年，论文发表较多，研究和讨论大幅增加，为发展阶段；至今，研究角度越来越多样化，更贴近应用实践，可见信息资源整合研究已经越来越受到信息管理界的重视。

2. 学科理论基础

网络信息资源整合研究涉及面广、综合性强，融合了计算机科学、情报科学、图书馆学、信息论、系统论、运筹学等多个学科的理论知识。网络信息资源整合的技术结合了多个学科的研究成果，使得其理论研究和实践研究具有重要的应用价值。随着网络技术的不断发展，网络信息资源整合技术成为图书馆、软件开发商、科研机构的研究热点，为图书馆学和情报学的研究提供了新的视角。

5.1.2　农业网络信息资源整合的技术

目前，网络信息资源整合技术主要涉及信息抽取，信息的组织、转换和清洗，信息的存储，以及信息发布和服务提供等方面。下面就这几方面技术的研究进行简要介绍。

1. 信息抽取技术的研究

信息抽取技术是面向结构化、半结构化和非结构化文本进行浅层或者简化的文本理解，从表面上杂乱无章的文本中提取出特定的某一类信息的技术。例如，从一篇文档中抽取标题、作者、摘要、机构等元数据信息。信息抽取技术需要实现信息的自动标引，包括智能分词、信息采集、信息过滤、话题跟踪、关键词、主题、概念及其他元数据的自动标引等。信息抽取技术主要起源于自然语言处理研究。信息抽取技术更多利用语义分析、词法分析、自然语言处理方法。由于网站的异构性，大多数信息抽取都是针对特定网站，一些信息抽取方法能够自动或半自动地建立抽取模式。

从信息抽取技术的发展历程和研究进展来看，其采用的原理和方式各异。信息抽取技术可分为四类。

（1）基于自然语言处理的信息抽取技术

基于自然语言处理的信息抽取技术是指从自然语言文本中抽取指定类型的实体、关系、事件等事实信息，并形成结构化数据输出的文本处理技术。基于自然语言处理的信息抽取技术不要求能对自然语言文本进行深层理解，而是从中抽取一些有用信息，是自然语言部分理解的一种形式。基于自然语言处理的信息抽取技术适用于信息源包含大量文本的情况，但是它将 HTML（hyper text mark-up language，超文本标记语言）数据仅作为文本进行处理，没有考虑 HTML 的层次特性，抽取规则的构建需要准备大量的样本，抽取过程的解析比对量较大、速度较慢。目前采用基于自然语言处理的信息抽取技术的系统有 RAPIER、SRV、WHISK 等。

（2）基于包装器的信息抽取技术

基于包装器的信息抽取技术可以分为两类：基于包装器开发语言的信息抽取技术和基于包装器归纳的信息抽取技术。前者通常提供一种特殊的专用语言来替代通用语言，如 Java、Perl 等，用以帮助用户生成包装器；后者则是根据事先由用户标记的样本实例，应用机器学习方式的归纳算法，生成基于定界符的抽取规则。基于包装器的信息抽取技术存在一定的局限性，页面的布局和内容会动态变化，当文本大幅调整时，定界符会逐步失效，因此抽取规则的健壮性将取决于定界符的标识方式。采用基于包装器的信息抽取技术的系统有 STALKER、SOFTMEALY 等。

（3）基于本体的信息抽取技术

本体是共享概念模型明确的形式化规范说明。基于本体的信息抽取技术首先需要本体的领域专家进行手工建模。在本体模型建立后，数据的抽取就可以实现自动化。这种抽取方式的字节依赖于内容数据本身来生成抽取模式或抽取规则，不依赖任何表现形式和结构，具有很好的适应性。由于领域本体涉及的知识面广，领域间差异大，本体库的构建较为复杂，耗费时间长，通用型本体较难设计出来。

（4）基于 HTML 结构的信息抽取技术

基于 HTML 结构的信息抽取技术是利用 HTML 将网络页面数据解析为结构化的语法树，根据目标数据在语法树的路径和位置产生抽取规则，实现数据的定位和抽取的技术。比较有代表性的技术路线是基于文档对象模型树的信息抽取方式。采用该类信息抽取技术的典型系统有 W4F、XWRAP、Road-Runner 等。彭祥礼等利用基于 HTML 结构的信息抽取技术构建和实现了 Web 信息抽取系统。连小刚利用基于 HTML 结构的信息抽取技术完成了信息抽取系统的构建。此外，冯曦曦等设计出一种基于 Spring＋Hibernate 技术的定时信息资源采集器，实现了对农业网站信息资源的定时采集，这是信息资源智能获取技术的新发展。在进行信息抽取时，我们需要重点考虑信息抽取效率、抽取时机、抽取方式、抽取周期等，既要保证抽取数据的质量与有效性，又要符合业务系统的需求，还要不影响源网站的正常运行。在信息抽取前应进行合理的规划与设计。

2. 信息的组织、转换和清洗技术

从网站上抽取到的信息，需要按照一定的标准进行组织、转换和清洗，最终将规范化的数据存入本地数据仓库。信息的组织技术主要解决如何将不同结构、不同类型的数据组织在一起的问题，如用行业分类表、地区分类表、中图法范畴分类体系、用户自定义分类体系等形式管理资源。简单地说，信息资源的组织就是设定资源的分类标准、资源描述表示标准等，这些标准也是构建数据库的依据。冯文炬对网络学术资源的组织方式进行了详细而全面的阐述，对于标准的设定有一定的借鉴意义。信息转换和清洗技术主要是指根据既定的数据存储格式规范，将网络上采集来的信息清洗、去重、转化和汇总，使不同来源的信息规范、完整和一致，便于数据仓库存储和服务调用。胡开胜总结指出信息转换和清洗主要解决数据不一致问题，造成数据不一致的原因有源网站之间数据不一致、源数据结构不一致、源数据定义不规范导致错误数据、源网站数据结构与本地数据库数据标准存在差异、数据约束不严格导致无意义数据及不同数据源转化到统一的数据仓库造成数据冗余等。对抽取的信息进行组织、转换和清洗是实现网络信息资源整合的必要环节。目前的研究主要集中在组织标准的制定、转换和清洗规则及运营机制上。

3. 信息存储技术

经过抽取、组织、转换和清洗后的信息需要存储到数据仓库系统中，以便查询、检索和调用。所以数据仓库的建设是网络信息资源整合建设的重要环节。张德云提出当前较为普遍的网络信息资源整合方式有文件方式、数据库方式、主题目录方式、超媒体方式、搜索引擎方式和网站方式等。其中数据库方式是当前普遍使用的网络信息资源整合方式，尤其适宜对大量信息的有效存储和快速存取。数据仓库是一个面向主题的、集成的、时变的、非易失的数据集合，用于支持管理层的决策过程。利用数据仓库存储信息，可以实现对信息的抽取、筛选、清理、查询、更新、知识挖掘和决策分析等。网络信息资源整合过程与数据仓库构建特征相符。网络信息资源中存在大量的半结构化和非结构化信息，对其进行结构化处理时需要按照数据仓库的存储标准进行，因此前期对数据仓库的存储模式和数据结构设计非常重要。在网络信息资源整合系统建设过程中，数据仓库的构建非常关键，其性能的优劣直接决定了信息发布的效率和服务质量的高低。

4. 信息发布和服务提供技术

网络信息资源整合好后，我们即可根据用户需求模式构建信息发布平台，提供信息服务。何蕾提出利用 Web Service 进行信息发布，Web Service 是继 Web 访问之后的新一代资源发布方法，有着更大的灵活性和交互性。特别是其具有强大的交互性能，能使网络信息资源不再作为一个独立的孤岛，而能够作为一个整体信息系统的有机组成部分存在。

Web Service 具有业务逻辑处理功能的发布能力、强大的编程和自动处理功能。利用 Web Service 的技术策略进行的网络信息资源整合，还具有分类清晰、移植方便、容易扩展、支持异构环境和功能丰富等优点，并且用户获取静态资源可以通过 Web 访问方式，而动态资源可以利用 Web Service 接口远程获取。

RSS（really simple syndication，简易信息聚合）技术也是目前网络信息资源整合研究的热点。RSS 是一种基于 XML（extensibe markup language，可扩展标记语言）的标准，可以用来聚合和发布经常更新的网站内容，如新闻、视讯或音讯的摘要等，使用户不必打开网站就可以获取最新信息。RSS 技术可以帮助用户发现和组织感兴趣的信息列表，用户也可以利用 RSS 技术定制所需信息，提高获取信息的效率和有效性。RSS 技术为信息迅速传播搭建了一个技术平台，每个人都成为信息提供的潜在对象。在网络信息资源整合过程中使用 RSS 技术，利用其信息聚合、个性化信息推送的优势，可以提高信息发布和服务的实效性，同时保证信息服务的质量。

5.2 农业网络信息资源整合技术层次框架

借鉴信息技术架构的层次关系，按照信息资源整合技术的主要应用领域，以及信息资源整合技术发挥的作用，信息资源整合技术可以归纳到以下层次。

标准和规范层：主要包括信息资源整合技术的各种标准和规范，这些是解决整合信息孤岛问题的基础。

整合基础网络层：包括异构网络的协议转换技术，网络存储技术。

整合数据层：主要包括数据仓库技术、数据挖掘技术、数据交换技术。

整合平台层：平台是信息资源整合的普遍解决方式，包括 SOA（service-oriented architecture，面向服务架构）、Web Services、中间件技术。

整合应用层：整合应用层的技术直接面对终端用户，在用户的工作流程、协同、交互过程中完成信息资源的整合，以及深度挖掘和利用。整合应用层的技术包括商业智能技术、协同技术、搜索技术、Web 2.0、门户技术。

信息资源整合技术的层次架构，如图 5-1 所示。

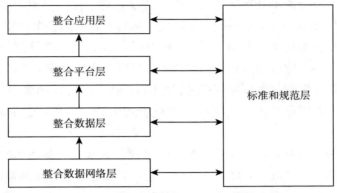

图 5-1　信息资源整合技术层次框架

信息资源整合技术的层次框架包括以下几个层次，每个层次可能涉及的符合信息资源整合的技术，采用列举的方法将每个层次可能涉及的符合信息资源整合技术概念的技术列举出来，如图 5-2 所示。

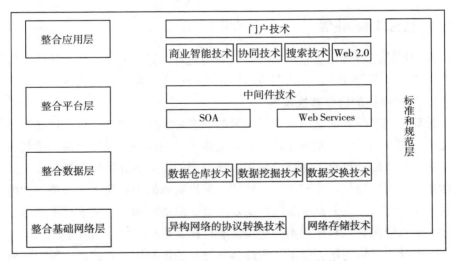

图 5-2　信息资源整合技术层次框架及其技术

图 5-2 中所示整合平台层的中间件技术和整合应用层的商业智能技术、协同技术、搜索技术与 Web 2.0 是本书中简要介绍的技术，其他部分仅作简

单说明。

5.2.1 标准和规范层

信息资源整合离不开标准化的工作，标准和规范是信息资源整合的基础。完整的标准化体系涵盖标准以及标准制定、运行和管理的整个过程。因此，标准化体系包括标准体系（标准本身）、标准运行机制和标准管理体制。其中，标准体系是指由一定范围内具有内在联系的标准组成的科学的有机整体；标准运行机制是指制定和贯彻标准运用过程中的方式、方法和组织形式；标准管理体制是指制定和贯彻标准应遵循的标准化管理方针、原则，组织制度和标准体制。

从整合的需求及技术的发展趋势来看，建立系统化、整体化的标准体系，形成统一标准的"开放、互联"的技术体系，开发融合各标准的系统将是信息资源整合的趋势。从多个领域信息资源的整合需求看，标准和规范的建设是需要重点突破的方向。

根据网络化信息系统的基本模型、标准的类型，信息资源整合相关的标准体系包括信息技术基础标准体系、信息资源标准体系、网络基础设施标准体系、信息安全标准体系、应用标准体系和管理标准体系。

5.2.2 整合基础网络层

基础网络的整合是信息资源整合的重要内容。异构网络环境下的信息资源整合主要涉及两种技术：异构网络的协议转换技术、网络存储技术。

1. 异构网络的协议转换技术

计算机网络技术的发展催生了大量的、多种多样的网络系统。这些网络系统之间不能互相通信，实现集成困难，这就是异构网络。异构网络环境是由不同制造商生产的计算机、网络设备和系统组成的。这些计算机系统运行不同的操作系统和通信协议，要实现统一使用计算机资源的用户通常会面临异构网络问题。异构网络产生的根本原因是实现网络通信功能的核心协议互不兼容，而实际的信息资源整合利用的不同应用需求往往需要异构网络的互联。

解决异构网络问题的技术有两种：一种是通过软件的方式进行异构网络的协议转换，通过建立一种映射机制，将某一协议的收发信息或事件序列映射成另一协议的收发信息或事件序列。目前已经有专门的异构网络整合的类似中间件的产品。另一种是通过专门的协议转换网关设备（也有产品称为网络控制器）进行实时的异构网络的协议转换，实现对用户完全透明的信息资源交换和整合过程。

2. 网络存储技术

目前，新兴的存储技术都是以网络为中心的，具有支持各种操作系统、平台、连接和存储架构的能力，提供通用的数据访问、无缝的可扩展性、集中的管理服务。比较常见的网络存储技术主要有 NAS（network attached storage，网络附加存储）和 SAN（storage area network，存储区域网络）两种。NAS一般由存储硬件、操作系统及文件系统等部分组成。它将存储设备连接到现有的网络上，提供数据和文件服务。NAS 克服了共享服务器数量的限制，支持多平台的数据访问，是针对文件存储和共享进行优化的存储设备，其即插即用功能有利于轻松地管理数据，而提供对协议的支持意味着可以在 Unix 和 Windows 多种操作系统中使用，从而实现真正的异种存储访问。SAN 由连接在一个独立网络上的各种存储设备构成，信息只在自身的网络上传输，因此它可减少瓶颈，增加带宽，同时易于集成、扩展、管理和改善数据可用性。SAN 在最基本的层次上可定义为互连存储设备和服务器的专用光纤通道网络。它在这些设备之间提供端到端的通信，并允许多台服务器独立地访问同一个存储设备。光纤通道是一个连接异构系统和外设的可扩展数据通道，支持几乎不限量的设备互相连接，并允许基于不同协议的传输操作同时进行。SAN 不仅可以提供更大容量的数据存储，还可以实现存储数据在地域上分散分布。SAN 允许任何服务器连接到任何存储阵列，实现数据不管存储在任何地方，服务器都可以直接存取所需数据。

近年来，在传统网络存储技术的基础上发展起来的虚拟存储技术也是网络信息资源整合的一项重要技术。虚拟存储是指"特定架构和产品被仿真设计成一个物理设备，其特性被镜像到另一个物理设备上。结果，逻辑设备和虚拟设备的特性可以完全不同，应用系统操作的是虚拟设备，而不必关心真正的物理设备是什么"。对于这个定义可从两个方面来理解：从专业角度看，虚拟存储实际上是逻辑存储，是一种智能、有效地管理存储数据的方式。从用户角度看，虚拟存储使用户使用存储空间而不是使用物理存储硬件（磁盘、磁带），管理存储空间而不是管理物理存储硬件。虚拟存储可以降低存储管理的复杂性，降低存储管理和运行的成本。在增加新的存储设备时，传统的存储系统需要重新配置。重新配置时的关机、开机操作会导致部分数据不可用，从而中断业务的连续性。而在虚拟存储环境中，无论网络后端的物理设备发生什么变化，服务器及其应用系统看到的存储设备的逻辑镜像都是不变的，这样，用户将不必关心底层物理环境的复杂性，只需管理基于异构平台的存储空间，所有的存储管理操作，如系统升级、建立、扩充存储空间、分配虚拟磁盘、改变磁盘阵列等就变得非常方便。

从实际应用来看，异构网络整合及网络存储的利用典型就是近年来在国内迅猛发展的数据大集中。数据大集中是由银行业、电信业等行业发展起来的，已经逐渐成为下一阶段行业信息化的趋势。数据大集中采用的技术无非是上面介绍的几种技术，它的核心特征在于，从物理上将一个集团企业或一个政府机构产生的信息资源进行集中存储和管理。从某种意义上，数据大集中更重要的是提供了一种在异构网络环境下信息资源整合的一种数据存储和管理模式。

5.2.3　整合数据层

在实现信息资源整合方面涉及的主要技术包括数据仓库技术、数据挖掘技术和数据交换技术。

1. 数据仓库技术

按照 Inmon 的观点，数据仓库是面向主题的（subject-oriented）、集成的（integrated）、反映时间变化的（time-variant）、相对稳定的（nonvolatile）数据集合，其目的是支持管理人员业务分析与决策的制定。其中，面向主题的是指数据仓库的建立是围绕一定主题的，如客户、产品和资产等，关注的目标是决策者的需求，清除对决策无用的数据，提供特定主题的简明视图。集成的是指数据仓库中的信息不是从各个系统中简单抽取出来的，而是经过一系列加工、整理和汇总的过程，是关于整个企业的一致的全局信息等。反映时间变化的是指数据仓库中的信息通常包含历史信息，系统记录了企业从过去某一时点到目前各阶段的信息。用户通过这些信息，可以对企业的发展历程和未来趋势做出定量分析和预测。相对稳定的是指某个信息一旦进入数据仓库后，极少进行修改和删除操作，信息通常只需定期加载和刷新。依据这个定义，数据仓库无疑是解决异构信息资源整合的关键技术之一。

在目前大多数的数据仓库实践中，关系数据库是数据库存储工具。有的关系数据库（如 Teradata）提供有关的数据仓库元素的查询函数或组件，在支持数据仓库数据存储的基础上，还能支持数据仓库的数据探查。

数据仓库技术可以解决数据的逻辑存储，并作为商业决策支持数据的物理实现的模型，存储和管理用户战略决策所需的所有信息。数据仓库需要从多个数据源收集信息，并按照商业分析模型的需要对信息进行存储。数据仓库是联机分析处理和数据挖掘的重要基础。

2. 数据挖掘技术

数据挖掘技术是一种较新的商业信息处理技术，是从大量的、不完全的、有噪声的、模糊的实际应用数据中，提取隐含在其中的、使用数据者事先不知道的，但又是潜在有用的信息和知识的过程。可以说，数据挖掘是一类深层次的数据分析方法。大部分情况下，数据挖掘都要先把数据从数据库中拿到数据挖掘库或数据集市中。当然，目前也有很多的数据挖掘应用是建立在数据库基础上的，而不是数据仓库基础上的。

从概念上来讲，数据挖掘是指按照预设的规则对数据库和数据仓库中已有的数据进行信息开采、挖掘和分析，从中发现和抽取不直接的模式或面向需求的知识，利用这些模式和知识为决策者提供决策依据。数据挖掘技术涉及数据库、人工智能、机器学习、神经网络算法和统计分析等多种技术，它使商业智能的相关应用跨入了一个新阶段，因此，它也是商业智能应用的一种基础技术。

数据挖掘的一个重要任务是从数据中发现模式。模式主要有两大类，即预测型模式和描述型模式。预测型模式是指可以根据数据项的值精确确定某种结果的模式，预测型模式所使用的数据都是可以明确知道结果的。描述型模式是对数据中存在的规则进行一种描述，或者根据数据的相似性把数据分组；描述型的知识不能直接用于预测。在实际应用中，根据用途的不同，模式又常分为分类模式、回归模式、时间序列模式、聚类模式、关联模式和序列模式等。其中包含的具体算法有聚类分析算法、神经网络算法、决策树方法、遗传算法、连接分析算法、基于范例的推理和粗集分析算法，以及回归分析等各种统计模型。应该说，数据挖掘通过一系列的计算模式实现数据从细粒度到粗粒度的知识的整合。

3. 数据交换技术

在信息资源整合方面，尤其在国内政府信息资源的整合方面，整合主体之间不存在紧密的联系和利益相关性，很难通过数据仓库以及上层中间件的方式实现紧密的整合。因此，数据交换技术作为一种实现弱耦合环境下的信息资源整合技术被广泛使用。数据交换技术，或者被厂商主流称作的数据交换平台，是以 SOA、XML、Web Service 为基本技术手段，以实现不同应用系统的数据交换、共享和集成为目标的一种技术。目前，数据交换技术典型的应用是政府信息资源目录交换体系，以及企业与海关的保管数据交换系统。

数据交换技术主要有两种实现方式：第一种是基于数据总线的方式，通过消息传输总线，连接分布的异构系统中的各个构件，也就是总线＋适配器方案。通过适配器来连接元数据源和定义元数据，通过总线来调度数据交换进程。第二种是基于事件的驱动方式。基于事件的驱动方式是一种实现信息资源整合的方法。在这种方式下，任务是由事件触发的，并使用任务调度技术进行处理。数据转换和数据交换也是实现任务的重要组成部分。该方式使用事件作为驱动因素，可以实现信息资源的高效整合、快速响应。数据交换技术是信息资源整合的基础技术之一，可以实现跨网络异构数据的交换和共享。

5.2.4 整合平台层

从信息资源整合角度来看，目前整合平台层的技术解决的是异构环境的整合平台搭建中的问题。其又包括两个层次：第一个层次是平台的架构理念和标准，主要包括 SOA、Web Service 等；第二个层次重点关注解决具体的"信息孤岛"整合问题，如中间件技术。

1. SOA 技术

目前，SOA 尚未有一个统一的、被业界广泛接受的定义。一般认为，SOA 是一个组件模型，它将应用程序的不同功能单元——服务，通过服务间定义良好的接口和契约联系起来。接口采用中立的方式定义，独立于具体实现服务的硬件平台、操作系统和编程语言，使构建在这样的系统中的服务可以使用统一和标准的方式进行通信。这种具有中立的接口定义没有强制绑定到特定的实现上的特征称为服务之间的松耦合。过去的应用程序架构主要是在面向过程的原则下一步步搭建的，这样的网络系统是纵向的，很容易造成"信息孤岛"。SOA 则是以客户为中心，将企业或政府机构的信息资源转变成一个个有机结合的组件，按照客户的需求整合相关的组件资源，从而让企业或政府机构真正实现灵活整合，保证了应用系统的灵活性。SOA 具有以下两个方面的特征。

其一，它是一种软件系统架构。SOA 不是一种语言，也不是一种具体的产品技术，更不是一种产品，而是一种软件系统架构。它尝试给出在特定环境下推荐采用的一种架构，从这个角度上说，它其实更像是一种架构模式，是一种理念架构，是面向人们应用服务的解决方案框架。

　　其二，SOA 的基本元素是服务。SOA 指定一组实体（服务提供者、服务消费者、服务注册表、服务条款、服务代理和服务契约），这些实体详细说明如何提供和消费服务。遵循 SOA 的系统必须要有服务，这些服务是可互操作的、独立的、模块化的、位置明确的、松耦合的，并且可以通过网络查找其地址。

　　SOA 描述了基于"发布/检索/绑定"的资源使用模型（图 5-3），将客户端应用连接到服务器上。

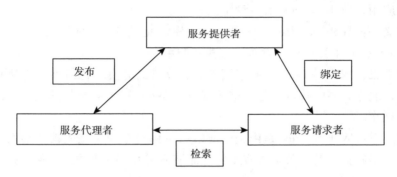

图 5-3　SOA 资源使用模型

　　该模型由 3 个实体和 3 个基本操作构成。3 个实体分别是服务提供者、服务请求者和服务代理者；3 个基本操作分别是发布、检索和绑定。服务提供者将它的服务发布到服务代理者的一个目录上，当服务请求者需要使用该服务时，首先到服务代理者提供的目录中检索该服务，得到如何调用所需服务的信息，然后根据这些信息去调用服务提供者发布的服务。

　　SOA 应用开发也提供了理想的集成框架，基于 Web Service 技术和传统的消息中间件技术，可以在不改变应用系统原有底层架构的基础上实现灵活的、面向服务的应用集成，从而有助于构造灵活、可扩展性的信息资源共享构架。随着 Web Service 技术的进一步发展、完善，面向服务的开发规范将在信息资源整合的进程中得到更广泛的应用。SOA 的理念在中间件、商业智能等领域已经开始产品化，基于 SOA 的中间件产品是中间件技术的最新发展。

　　SOA 定义了搭建企业或政府机构软件架构的一种新方法，它的出现使所有应用在交换数据和处理过程中，不需要考虑应用软件是用什么编程语言开发的或在什么操作系统下运行的。在这种模式下，一个应用或应用的一部分其实是一种服务，其他的应用和用户都可以在无须编写大量代码的情况下使用这些服务，这一切都使一些大企业或政府机构分布范围比较广的开发队伍能够更好地合作。从这个角度看，SOA 提供了一种信息资源整合平台的构建模式。

2. Web Service 技术

Web Service 是信息资源整合过程中一种重要的开发模型和信息接口规范。Web Service 是微软提出的基于互联网的开发模型，一经提出即得到业界的广泛应用。Web Service 有多种定义。

定义一：Web Service 是自包含的、模块化的应用程序，它可以在网络（通常为 Web）中被描述、发布、查找及调用。

定义二：Web Service 是基于网络的、分布式的模块化组件，它执行特定的任务，遵守具体的技术规范。这些规范使 Web Service 能与其他兼容的组件进行互操作。

定义三：Web Service 是由企业或政府机构发布的、完成其特别商务需求的在线应用服务，其他公司或应用软件能够通过互联网来访问并使用这项应用服务。

总结以上概念，Web Service 的核心是互操作性。Web Service 发展的一个重要里程碑是 Web 服务互操作组织发布的 Basic Profile 1.0。Basic Profile 制定了一系列的规范，作为 Web Service 的统一语言。业界主流厂商对 Basic Profile 的支持使 Web Service 的互操作性成为可能。

构建 Web Service 的核心技术包括：XML，Web 服务描述语言，SOAP（simple object access protocol，简单对象访问协议），Web 应用服务器，专用通用描述、发现和集成注册表，Web 服务网关，Java 连接器体系结构和 Java 消息服务。

Web Service 提供了一种分布的、与平台无关的应用程序机制，能够在微软、Sim、IBM 等公司所开发的不同平台之上的应用程序间协同工作，实现异构信息的共享、交互、整合、利用。Web Service 实现跨应用程序和跨平台进行良好通信，以及通过 Web 进行客户端和服务器的通信等。Web Service 往往被打包在面向信息资源整合的产品中，但它作为信息资源整合的一种重要的接口规范，是信息资源整合技术的一项重要内容。

3. 中间件技术

中间件技术是目前解决异构信息的重要技术手段。

中间件技术正处于发展之中，因此目前尚不能对它进行精确的定义。比较流行的定义如下。

定义一：中间件是一种独立的系统软件或服务程序，分布式应用软件借助这种软件在不同的技术之间共享资源。中间件位于客户机/服务器的操作系统之上，管理计算资源和网络通信。

定义二：中间件是指处于应用软件和系统软件之间的一类软件，是独立于硬件或数据库厂商（处于其产品的中间，实现其互连）的一类软件，是用户方与服务方之间的连接件。中间件是继操作系统和数据库管理系统之后随着网络的兴起和发展而新兴的一种基础软件。

从中间件的定义可以看出，中间件是一类软件，而非一种软件；中间件不仅实现互联，还要实现应用之间的互操作；中间件是基于分布式处理的软件，定义中特别强调了其网络通信功能。

随着计算机软件技术的发展，中间件技术也日渐成熟，并且出现了不同层次、不同类型的中间件产品。ZapThink 调研公司在一份报告中预测，基于 SOA 架构（面向服务的架构）的中间件产品将成为网络化商业系统的主要设计思路。Gartner 集团的分析师也指出，SOA 架构下的中间件产品将进入主流应用之中。

随着网络技术的发展，企业或政府机构在信息化建设中开发了大量为满足产品或服务需要的软件组件，如 ERP、CRM、OA、CAD 等一系列电子商务和电子政务软件组件。这些软件组件之间往往缺少关联和通信，导致这些软件组件成了一个个"孤岛"。而基于 SOA 架构的中间件产品的出现，则使企业或政府机构在需要改变计算机系统时的灵活性大为增加。

5.2.5 整合应用层

整合应用层技术是通过整合底层信息资源，并为终端用户服务的信息资源整合技术。

1. 商业智能技术

商业智能技术于 1996 年由 Gartner Group 的 Howard Dresner 提出，它描述了一系列的概念和方法，通过应用基于事实的支持系统来辅助商业决策的制定。本书比较认可的商业智能技术定义：通过技术手段和工具，从众多的企业数据中整理分析得到有价值的信息，并作为企业决策依据的一个过程。它有几层含义，需要整合不同来源的数据，是一个分析的过程，最终为决策者提供有价值的信息，来辅助决策。因此，从这个意义上看，商业智能技术需要整合各类信息资源，并挖掘分析，为用户提供整合后的有价值信息，是信息资源整合的重要技术。

从上述定义上看，商业智能就是一个加工数据、搜索信息，最后发现知识的过程。无论是搜索信息还是加工数据，都离不开数据整合，所以商业智能本身也是信息整合的一个过程。商业智能能够赋予机构信息整合与分析的优异能力，迅速汇总机构内外部的数据，将其转化成为有效的决策信息，能够帮助用户做出正确、高效的决策。

商业智能的实现依赖于一系列数据处理分析工具，如 ETL、OLAP、数据仓库、数据挖掘工具。商业智能作为一种重要的信息资源整合技术，已经在企业中得到较大范围的应用。

2. 协同技术

协同是指协调两个或者两个以上的不同资源或者个体，协同一致地完成某一目标的能力。协同技术就是实现这种能力的一系列技术。协同技术被用户较为普遍接受的、典型的产品形态就是协同软件。本书将重点通过协同软件介绍协同技术的应用。

协同技术具有动态性，实现过程中信息资源的整合。它的本质是通过打破资源（人、财、物、信息、流程）之间的各种壁垒和边界，使它们为共同的目标而进行协调的运作。围绕"人、信息、流程、应用"四大核心要素，协同技术主要包括人员协同、知识协同、应用软件协同、工作流程协同四大内容，在这四大内容基础上实现过程中信息资源整合的深度利用。

协同技术通过搭建综合的沟通平台，为用户之间搭建一个协同工作的环境，同时，协同技术也为塑造团队协作提供了一种环境。在企业或政府机构的应用中，协同技术能够实现工作流之间的协同，形成应用整合和支持的平台。协同技术包括协同工具、协同平台和协同应用 3 类。在协同应用领域包括协同办公、协同商务、协同工程、协同政务、协同知识管理等。

3. 搜索技术

传统的组织机构信息管理常采用查询概念；情报和学术研究领域则习惯使用信息检索概念。搜索是互联网兴起以后，突出以"搜集"为主的信息获取方式。搜索技术有助于打破信息化中的"信息孤岛"现象，同时也对信息资源整合提出了更高的要求。查询概念更多地使用在基于数据库的信息管理领域，信息检索概念则更多地用于文献、情报及图书馆领域，包括以文献（包括题录、文摘和全文）为对象的检索，以及数据类型的检索。搜索技术的应用范围则更为广泛。

从狭义上讲，搜索技术一般指以 Yahoo、Google、百度为代表的网页搜索引擎技术，即通过网络蜘蛛技术抓取互联网上的海量网页，通过链接分析、点击分析等技术对网页进行多种索引排序的技术。其难点是对超大规模运算的控制和维护。从广义上讲，搜索技术应该是一套强大的信息处理工具包，能帮助人们快速、准确地获取信息，处理对象既包括传统意义上的数据库，又包括网页、文本文档、邮件、图片等多格式的非结构化信息。这些信息的来源有互联网、数据库、邮件系统、文件系统，甚至 OA、ERP 等多种业务系统。为了帮助人们准确获取信息自动分类、自动聚类，自然语言理解也被引入广义的搜索引擎技术体系中。

本书介绍的主要是针对广泛意义上的企业级搜索技术。目前，整个业内对企业级搜索技术的研究范围已经扩展到信息生命周期的全过程，更加注重通过搜索技术得到有效的信息内容。

企业级搜索技术作为企业内容管理系统的重要组成部分，其搜索能力也是企业信息服务及信息资源整合能力的重要体现。对于企业级搜索技术而言，搜索前后对数据本身的挖掘、聚类、提取、应用、管理等过程构成了企业搜索引擎应用的内容。

4. Web 2.0

Web 2.0 主要是面向公众提供轻量级的在线服务。Web 2.0 本身并不是一项技术，而是一种理念、一种模式。目前，Web 2.0 通用的定义：Web 2.0 是以 Flickr、Craigslist、Linkedin、Tribes、Del.icio.us、43things.com 等网站为代表，以 Blog、Tags、SNS、RSS、Wiki 等应用为核心，依据六度分隔、XML、Ajax 等新理论和技术实现的新一代互联网模式，体现了 WWW 从网站的集合转变为向终端用户提供 Web 应用的计算平台的统称。而 Web 2.0 实现的是一系列技术的组合，包括 Blog、Tags、SNS、RSS、Wiki 等。因此，下面重点介绍 Web 2.0 的支撑技术。

从本质上讲，将 Web 2.0 支撑技术定义为一套采用开放式开发架构，可极大地丰富互联网应用及信息共享程度的技术体系，它最终将允许用户进行端到端的信息创生、发布与共享。Web 2.0 支撑技术是指支撑 Web 2.0 模式的一类技术的集合，依赖于具体的技术应用，提供面向企业级的应用。

Web 2.0 意味着对信息共享与利用方式的进一步深入开发，从整体上看，

Web 2.0 对信息资源整合及其技术应用发展前景的影响是深远的。它使传统信息资源整合的手段得到空前的增强,并通过这种增强的应用将分散在独立 PC(个人计算机)上的信息组织起来,形成信息网络,实现了大范围的信息共享。Web 2.0 支撑技术是实现信息资源整合的重要手段。通过这些技术,可以将各种类型的信息资源整合起来,满足用户多样化的需求。同时,Web 2.0 技术也能够实现不同社会关系的整合,包括个人、企业、组织和政府等各种关系形态的整合。此外,Web 2.0 还支持更广阔的信息产生和保存,并具有强大的计算能力和存储能力,可为信息资源整合提供可靠的技术支持。总之,Web 2.0 技术术是将分散的信息资源整合到一起的重要工具。

由于 Web 2.0 的去中心化、信息传播结构的去中心化,网络中各节点处于平等的地位,中心的意义被大大弱化甚至完全消解,这将使信息的共享加强,信息的创生和更新更加频繁。Web 2.0 支撑技术在机构内部也逐步开始被推广应用来帮助企业维护内部的信息资源,同时通过同样的方式向用户、媒体、合作伙伴等传播自身的信息。因此,Web 2.0 支撑技术将实现机构内外部信息的连接与无缝整合,将有利于降低沟通的成本和提高沟通的效率,使机构信息与公众信息逐渐融合。当然,Web 2.0 支撑技术的应用在客观上也使网络信息传播的管理与控制更为复杂与困难,如对不良内容的传播控制和对版权的保护都面临着新的、更大的挑战。

5. 门户技术

企业信息门户是近年来应用发展的一个热点,也是信息资源整合的主要应用技术之一。简单来说,门户技术就是帮助用户将机构内所有的系统资源整合进一个入口,用户可以访问所有的信息、文档、流程和业务应用,并将所有表现内容门户化的技术。企业信息门户本身的价值是通过其提供的信息资源和服务的价值来体现的。这些信息资源和服务由企业 IT 环境里各种各样的系统来提供,当这些系统经由门户集成化地呈现在用户面前的时候,用户看到的是一个经由企业信息门户包装后的企业信息资源和服务的全貌,而不再是一个个孤立的系统。从这个意义上看,门户技术通常会与企业级搜索技术、中间件技术、协同技术、商业智能技术、Web 2.0 等多种技术整合使用,实现信息资源从内容到门户的全面整合。

门户技术作为信息资源整合一种重要工具,其主要的特点集中在以下几个方面:①门户技术可以提供信息资源的统一入口。机构的财务软件、办公软件、ERP、CRM、人力资源管理系统等的信息资源都可以通过这个统一入口进行访问。②门户技术可以实现信息资源最大范围的共享。③门户技术可以实现个性化，在相应授权的情况下，用户可以创建自助服务的门户站点。④在安全权限的保护下，客户和合作伙伴就能够在门户中接受业务支持，进行搜索文档资料和信息资源的自助服务，实现低成本的深度信息资源的整合。⑤门户技术能够进行有效的内容管理，为更多的用户提供服务，扩大信息资源利用的广度。在通常的门户解决方案中，也与协同技术相融合，提供协同工作环境；通过门户的统一安全认证，提高信息资源的利用效率。

总之，门户技术是目前应用广泛的一种信息资源整合技术。目前，主流厂商推出了自己的企业信息资源门户解决方案和产品，如 Microsoft 公司的 Share Point Portal Server 以及相关产品、IBM 公司的 WebSphere Portal、OACLE 公司的 OCS、Sun 公司的 Sun One Portal、BEA 公司的 WebLogic Portal 等。

5.3 整合涉及相关技术及标准

5.3.1 PHP 简介

PHP（page hypertext preprocessor，网页超文本预处理器）是一种在服务器端执行嵌入 HTML 文档的脚本语言，现在被很多的网站编程人员广泛的运用。PHP 独特的语法混合了 C、Java、Perl 以及 PHP 自创新的语法。PHP 在服务器端执行，充分利用了服务器的性能；PHP 执行引擎还会将用户经常访问的 PHP 程序驻留在内存中，避免了程序的重复编译，提高了 PHP 工作的效率。

1. PHP 脚本主要应用领域

PHP 是一种广泛应用于 Web 开发的脚本语言，主要应用于以下领域：

Web 开发：PHP 可以轻松地集成到 HTML 中，可以为 Web 应用程序提供动态功能，例如表单处理、会话跟踪、数据库连接和操作。

服务器端编程：PHP 也可以直接在服务器上运行，通过服务器 API 进行控制。这使得 PHP 成为服务器端应用的理想选择，例如 Web 服务、REST API 和 CLI 应用程序。

数据库应用开发：PHP 广泛支持各种数据库，例如 MySQL、PostgreSQL 和 Oracle 等。可以使用 PHP 访问和操作数据库，执行查询和事务，生成报告和可视化数据等。

命令行工具开发：通过 PHP CLI（命令行界面）模式，可以开发一些与 Web 无关的命令行工具，例如系统管理工具、批处理脚本和自动化任务。

游戏开发：PHP 也可以用于开发基于 Web 的游戏，例如角色扮演游戏、策略游戏和桌面游戏等。总之，PHP 具有广泛的应用领域，尤其在 Web 开发和服务器端编程方面得到了广泛的应用。

2. PHP 的性能优势

PHP 对数据库的操作和支持比较好。PHP 对常用的协议支持都比较好。PHP 具有强大的文本处理特性，能够在所有的主流操作系统上使用，跨平台性好。

5.3.2 Ajax 技术

Ajax（Asynchronous JavaScript and XML）指异步 JavaScript 和 XML 技术，指一种创建交互式网页应用的网页开发技术。使用 Ajax 技术可以使 Web 应用程序更加灵活、响应速度更快、用户体验更好。它使用 Web 2.0 技术，绑定 javascript 用来完成所有数据的操作、处理，使用 XML 实现数据的异步处理，提高了程序开发的效率，可以说 Ajax 已成为 Web 开发的重要武器。Ajax 的优点：按需索取数据，在页面内与服务器通信，无刷新和更新，减少了用户等待的时间，给用户的体验非常好；使用异步方式与服务器通信，不需要打断用户的操作，具有更加迅速的响应能力；很多任务可以通过客户端来完成，而不是必须像以前由服务器来完成，这样可以减轻服务器的负担，提高服务器工作的效率，防止服务器拥塞。Ajax 的原则是"按需取数据"，可以最大限度地减少冗余请求和响应对服务器造成的负担。采用支持广泛的基于标准化技术，不需要下载其他插件或者小程序。Ajax 使 web 中的应用与界面分离。该模式有利于分工合作，减少其他人员对页面修改造成的损失和错误，提高了系统设计的效率。

5.3.3 扩展标记语言 XML

扩展标记语言 XML 是一种简单的数据存储语言，其使用一系列可以建立的简单标记来描述数据，XML 的优点是极其简单，而且易于掌握和使用；缺点是占用的空间比二进制空间多一些。XML 与其他数据库，如 Acess、Oracle 或者 SQL Server 等不同。数据库可实现高效的数据分析和存储，如数据索引、查找、排序、相关一致性等操作。XML 的主要目的是以结构化的方式通过文本文字来表示数据。从某种意义上讲，有点像数据库，可以以结构化的视图来存储数据。

5.4 信息构建理论与农业网络信息资源整合平台构建

现代社会的发展使用户对信息资源的丰富性和多样性提出了更高的要求。如何将分散异构的信息资源进行基于平台的整合，以充分发挥资源的整体效用，满足用户的需求，已成为大众普遍关注的问题。

5.4.1 信息构建理论在农业网络信息资源整合平台中的应用

信息构建理论已成为信息管理与服务领域研究的热点，其理论研究与实践发展为信息资源的整合的开展提供了新的基础。

1. 信息构建理论

现在各国使用信息构建理论最多的是基于网络环境，尤其是面向万维网环境的信息组织方式和网站设计。

随着互联网的兴起，信息构建的工作更多地集中于网站的结构和组织方面，很多人对信息构建提出了定义。认可度较高的定义：信息构建是一门组织信息和界面的艺术和科学，包括调查、分析、设计和执行过程，目的是帮助人们在网络和 Web 环境中更成功地发现和管理信息，有效地满足用户的信息需求。

信息构建最早由美国建筑师 Wurman（沃尔曼）在 1976 年提出。信息构建理论提出后并没有引起人们的普遍关注。它成为热点是在 20 世纪 90 年代中期以后。随着网站建设的普及，信息构建的内涵逐渐延伸，应用领域迅速扩大。

Wurman 对信息构建的具体描述如下：①将数据中固有的模式进行组织，化复杂烦琐为简单明晰；②创建信息结构或信息地图，以便让他人获得自身所需的知识；③21 世纪信息构建将应用于信息组织等许多领域。Wurman 一直强调化复杂为明晰和使信息可理解。

Wurman 总结了信息构建的 5 项规则，用于指导信息建筑师实现以化复杂为明晰和使信息可理解为重点的信息构建目标。5 项规则如下。其一，人们比较容易理解与自己已经理解的事物相关的新事物。其二，信息组织方式只有 5 种，可将其简化为 LATCH，具体是指：①location，即地序法，以信息的地理位置特征为依据组织信息。②alphabet，即字顺法，按字母排列顺序组织信息。③Time，即时序法，以信息的时间特征为依据组织信息。④Category，即分类法，按类目组织信息。⑤Hierarchy，即等级结构法，按等级关系（如重要程度）组织信息。其三，信息表达的标准是清晰，而不是美观。其四，确定值得保留的信息，以及想要了解的信息。其五，勇于放弃无用信息。Wurman 创办的系列 TED（技术、娱乐和设计）会议和网站，对各种专业信息的构筑和内容可视化等做出了公认的成就。

信息构建经过多年的发展和演化，从网站设计的狭义概念提升为跨学科、跨领域的新型信息管理体系的广义概念，无论理论或实践都对传统的图书馆信息科学或信息管理有所创新。信息构建目前的实践是针对网络资源的，即网站的信息构建，但是信息构建的应用并不局限于网络环境，其中的原理和过程可用于信息资源平台的构建。

2. 信息构建理论对信息资源整合平台建设的促进

信息构建理论对于信息资源整合平台建设的实践活动具有理论指导意义。信息构建理论强调信息创建者对信息内容、信息结构、信息用户及信息环境各要素的理解，信息构建过程着重强调信息建筑师通过各种手段对信息内容进行加工处理，对信息结构进行设计。信息构建理论在信息资源整合平台的构建中具有以下几个方面的重大应用价值。

（1）信息构建强调信息结构和内容的清晰

信息构建是一种提供清晰、易于理解的信息的方法，强调信息结构和内容的清晰。它包括组织信息的方式、选择适当的词汇和语句结构、使用图表或其他可视化工具等，以帮助读者或听众更好地理解和记忆所述信息。在整合平台的构建中，信息资源的组织系统应具有良好的分类标准和明确、规范、统一的标识系统，其信息结构和内容要求清晰、简洁、朴素、美观。提供给用户清楚的、易于理解的信息结构，以便用户自由地在信息空间中巡航。这说明，尽可能地为用户提供导航工具和巡航帮助，让信息内容可访问，让用户明确自己的位置，是其中的关键。

（2）信息构建强调信息标识的规范

信息构建强调标识系统能为用户所理解，强调信息标识的规范和一致。对于信息资源整合平台而言，要避免使资源系统出现语义含糊、用法随意、词语的范围难以界定清楚等问题。信息资源整合平台的构建者需要创立一套标识系统，对使用的词汇、含义加以科学处理，使其准确地反映信息资源的内涵；构建者设计的各项信息组织的分类逻辑应易于理解，易于使用；构建者要为标识设计导航链接方式，让用户明白整合界面上的符号、图形、文字等的具体含义及相互关系，充分展示资源整合平台的全貌和集成功能。

（3）信息构建强调平台的可用性

尽管信息构建不一定会直接强调平台的可用性，但它通常会考虑到读者或听众在特定平台上接受信息的方式。因此，在设计和构建信息时，可以考虑平台的限制和优势，以确保信息可以在该平台上清晰地呈现和易于使用。例如，在移动设备上阅读文本时，信息构建可能会采用更简洁的语言和更小的段落，以适应屏幕尺寸和读取习惯。信息资源整合平台的构建应通过知识组织、元数据创建、图形设计、导航结构安排，实现系统的有效沟通和基于用户需求的资源组织。就技术而言，构建平台应具有对多用户的可用性。为提高资源整合平台的可用性，必须提供多途径的检索入口和服务帮助，让用户能通过资源整合平台实现一站式搜索目标。

（4）信息构建强调面向用户的功能定位

信息构建强调以用户为中心，这就要求在信息资源整合平台的构建中，不仅强调所用技术和硬件设备的先进性，更强调面向用户的内容组织和信息资源服务的功能地位。从用户的观点来考察信息资源体系的内容组织与界面设计，是资源整合平台构建必须考虑的问题。在功能定位上，平台应充分体现集成化的服务功能，符合用户使用信息的逻辑关系。

（5）信息构建强调信息生态环境建设

信息构建可以促进信息资源整合平台建设，因为它提供了一种将不同来源的信息整合成一致、易于理解的形式的方法。通过使用信息构建，平台开发者可以更好地组织和呈现各种信息，使其更容易访问和利用。这包括设计和开发平台的信息结构、标准化和统一的术语、清晰的界面和导航等方面。此外，信息构建可以帮助平台开发者更好地理解用户需求和使用情况，从而改进平台功能和用户体验，提高平台的可用性和价值。一个成功的信息资源整合平台应系统分析和考虑信息构建的各个方面，克服平台建设中的外部环境因素干扰，从而将用户和信息资源紧密地联系在一起。在信息生态环境建设中，信息构建平台应该有利于信息资源的集中组织，在集成化服务中形成用户与资源环境、技术环境、社会环境的良性互动。

3. 基于信息构建的信息资源整合平台建设

基于信息构建理论的信息资源整合平台的建设目标可以从两个方面来看：

一是对信息的处理结果要达到信息的清晰化和可理解目标；二是信息资源整合平台的有用性、可用性强，用户体验良好。因此，要求在信息资源整合平台构建时需要考虑信息资源、信息空间和用户三者的关系，提供合理科学的资源空间，以利于用户获得所需信息和服务。基于信息构建的信息资源整合平台建设，不仅需要对信息内容进行把握，而且强调帮助用户在获取所需信息的过程中形成满意的体验。因此，用户体验是基于信息构建、信息资源整合平台建设的重要内容，即在构建过程中应该始终考虑用户体验因素。这就要求信息资源整合平台构建中，不仅强调所需技术和硬件设备的先进性，还强调以用户体验组织信息系统设计，以便从用户可用性与有用性观点来考察资源整合平台的内容组织和界面设计。

（1）基于信息构建的资源整合平台的设计

基于信息构建的资源整合平台建设强调那些可以提高用户体验的设计，包括基础构建、信息设计、流程组织、资源转换、界面设计和跨平台兼容。

基础构建。基于信息构建的资源整合平台设计将用户体验提高到一个新水平。作为用户体验的核心，基础构建包括调查、分析、设计和执行 4 个步骤，它涉及资源的组织系统、标识系统、导航系统和搜索系统的设计，其目的是帮助人们成功地发现和管理信息。组织系统负责信息的分类，由它确定信息的组织方案和组织结构，同时对信息进行逻辑分组，并确定各组之间的关系；标识系统负责信息内容的表述，为内容确定名称、标签或描述；导航系统负责信息的浏览和在信息之间移动，通过各种标志和路径的显示，让用户能够知道自己浏览的信息位置和可以进一步获得的信息内容；搜索系统帮助用户搜索信息，通过提供搜索引擎，根据用户提问，按照一定的检索算法对网站内容进行搜索，并向用户提交搜索结果。

信息设计。信息设计的目的在于高效地处理信息提问并提供尽可能清晰、易于理解和有用的信息。为了达到这一目的，信息设计必须了解学科领域的知识，积极参与增强信息理解和信息表达的研究，如用户怎样响应信息，为什么响应，人的大脑怎样处理信息和形成知识，又怎样转化知识等。这些问题的研究有利于信息的交流互动。信息设计通过可视化设计来增强用户对所呈现的信息的理解。通常，信息架构师和视觉设计者共同通过信息设计来构建积极的用户体验。

流程组织。基于信息构建的信息资源整合平台设计是一项很复杂的任务，需要借助一定的资源导航来构建工作流程图。通过工作流程的设计，可以把复杂的平台功能简单化、明晰化，并且使资源整合设计过程规范化，在流程的有效组织中提高用户体验设计的效率。

资源转换。很多资源平台系统相互之间进行资源共享时，由于数据结构、管理系统的异构问题，无法有效连通，需要通过标准化的规范，使资源之间能够快速便捷转换。

界面设计。界面设计不仅要求好看、易懂、易操作，还要求各方面都符合清晰表达信息的目标。考虑到界面对同构和异构的适应性，要求资源管理者和用户实现平台的共用。

跨平台兼容。跨平台兼容要求资源平台之间实现无缝连接，使用户能够方便、快捷地访问其他资源，使各系统通过平台实现互操作。

（2）基于信息构建的信息资源整合平台建设的模型

目前，对信息资源整合平台建设主要存在两种看法：一种是把每一种问题都作为应用设计问题来对待，并应用计算机技术来解决问题。另一种则是把信息资源整合平台看作信息搜集、处理、检索、发布的工具，对其按需组建。这两种看法都忽略了人的因素，没有充分考虑用户体验的问题。因此，以用户为中心基于信息构建的信息资源整合平台建设模型必须首先考虑用户体验的层次性。

信息资源整合平台的建设模型必须充分考虑用户在获取信息、使用信息和发掘信息价值等方面的体验。用户总是带着一定的期望进入资源整合平台的，首先用户希望信息易于找寻并且可以使用，其次如果体验与期望符合，用户还会希望信息易于获取。用户体验不断从低层次向高层次发展，因此，信息资源整合平台建设要不断加强与用户的交流互动，通过各种手段来提高用户体验。例如，通过导航的设计，使用户易于发现信息、使用信息，通过各种资源整合技术，为用户提供信息内容的挖掘服务，以提高用户对整合平台的满意度。

基于信息构建的信息资源整合平台建设模型与用户体验的层次性相对应，信息资源整合平台建设模型要求从用户和服务两个方面进行考虑。在面向用户方面，信息资源整合平台建设主要关心完成信息需求的步骤及用户完成信息需求的方法。在面向服务方面，信息资源整合平台主要关注平台提供的信息及这些信息对用户的实用价值。信息资源整合平台建设模型可分为战略层、范围层、结构层、框架层、表面层。

战略层关注用户需求和目标定位，是信息资源整合平台建设的基础。战略层既要考虑自身目标，又要界定用户群体及服务内容。用户群体对信息资源整合平台建设有重要影响，面对专业人士和面对一般用户的技术实现方式不一样，对可用与易于使用的理解也不一样。

范围层把战略层的目标进行了细分，确定信息资源整合平台的特征和功能，对各种信息的特征进行详细的描述，对平台功能进行说明，从而有效地组织信息内容，以利于不同的用户获取信息。

结构层通过互动设计定义系统响应用户的方式，实现各种信息资源在平台中的布局安排。同时，根据信息资源整合平台建设的目标确定需要突出的内容，选择恰当的技术手段更新服务内容。

框架层通过界面设计和导航设计，合理安排界面要素，以易于理解的方式表达信息，使用户能够与信息资源整合平台进行交互。

表面层要充分考虑用户不同的偏好、不同的工作环境和物理能力；必须充分理解用户的感觉（视觉、听觉、触觉）系统，考虑信息交换和传递手段；通过合适的板块、文字、图案、图片、动态效果和色彩表现具体的信息内容和意境，应用合适的技术表现搜索效果，吸引访问者。

从以上平台设计和模型建构可看出，基于信息构建的资源平台建设以面向用户和面向服务效果结合的方式进行设计。在设计中，强调信息的可视化和可理解，强调技术服务与内容的表达和用户需要相结合，从而使技术适应用户体验，而不是相反，如图 5-4 所示。

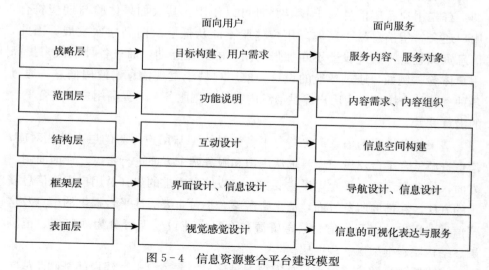

图 5-4　信息资源整合平台建设模型

5.4.2 面向用户的农业网络信息资源整合平台要求、原则、结构与功能

1. 面向用户的信息资源整合平台要求

信息资源整合平台的要求具体体现在以下 4 个方面。

（1）以用户为中心

信息资源整合平台的构建应以用户为中心。目前的信息资源整合平台大部分是从系统和技术的角度考虑用户的需求，基本上没有真正做到从用户的角度来设计。平台设计者应该紧紧围绕着用户的需求进行平台设计，并且在设计的整个过程中不断与用户沟通，使设计的平台真正能满足用户的需求。

信息资源整合平台要求能帮助用户快速而简便地获得信息服务，拥有愉快的用户体验，实现一系列的工作目标。信息资源整合平台在用户体验方面主要关注两个问题：一是如何吸引用户积极参与信息资源整合平台的设计与构建；二是如何吸引用户在信息资源整合平台的设计与构建中做一些其他事情，提供某种体验。

用户体验过程是一个复杂的心理过程，除了知识匹配等理性因素作用外，感性方面的因素（如情绪、感受等）在信息接受过程中同样起到重要的作用。用户体验可以是个体用户的体验，也可以是团体用户的体验。例如，信息资源整合平台可以根据学科或专业为不同师生和研究人员提供专门的定制服务，吸引专门的团体用户（如教研室、课题组、院系等不同范围内的团体用户）参与平台的开发，尽量满足他们的特定需求。

信息资源整合平台设计的核心是：将以用户为中心的思想贯穿到资源整合平台系统开发的各个阶段。在设计的最初阶段，描述用户现状，从中捕获用户的需求，组织资源。在以用户为中心的思想指导下分析用户现状和用户需求，发掘和提取用户处理问题本质的、必要的交互信息。建立用户数据模型，根据用户数据模型进行平台设计，最后根据用户反馈意见来进行测试评估，以进一步完善平台的设计。这样构建的平台必然使用方便、简便、直观，容易操作；提示摘要、清楚、明确、易于接受；用词规范而不易产生歧义，构建的用户界面友好。

（2）实现标准化

用户界面是一个多层次、多方面的界面系统。不同层次和不同方面的界面要在形式与内容上做到基本一致，尽量实现标准化。如果信息资源整合平台系统中的各个界面在揭示方法与规则等方面标准不一，甚至互相矛盾，用户就会

感到无所适从，每到一处都必须重新学习与掌握，这与界面友好的精神是相悖的。

资源平台的标准化是指开发构建平台所采用的资源组织的标准化，具体包括资源加工、组织上的标准化，在元数据方案上的标准化，资源的标识符以及指示系统的标准化，在资源检索与应用上的标准化，开放接口的标准化。

标准化有利于不同系统之间的资源整合和共享，也可以为信息资源的长期利用创造条件，避免因系统所采用标准具有时效性而导致信息资源共享失效。

（3）强调功能的集成化

信息资源整合平台应能根据用户需求形成多样化信息集成功能，保证用户只需一次登录后，就能直接访问信息资源整合平台内的其他各类资源，无须再次登录或转换。信息资源整合平台需要动态地开放集成各种分布、异构和多样化的数字信息资源和系统，动态满足各种用户群和业务流程需要。信息资源能够根据用户角色、类型和权限动态地提供给用户。这包括对分布和多样化的资源和系统进行搜寻、调用和集成，可以搜寻、解析和转换数据资源，可以支持和其他信息系统的互操作和集成管理。但是传统图书馆自动化系统和新的数字图书馆资源整合平台之间共享的数据很少，即使是数据库之间也未能实现统一的、高效的跨库检索。要想通过资源整合平台提供门户式的一站式服务，迫切需要一个能把图书馆的印刷资源、数字资源和其他类型的馆藏资源进行统一管理的系统。这个系统不仅要能够便于图书馆员和用户使用，而且要能够对图书馆的各项业务流程和馆藏资源进行有效的组织与管理。

信息资源整合平台应考虑如何将已有的信息资源动态集成起来，提供更加完善的服务。例如，清华同方数字图书馆建设和管理平台就能够同时管理文字、图片、多媒体等信息，并提供全文检索服务，支持网页的动态发布；能提供从印刷品到电子文档，从静态资源处理到网络资源实时整合，从单一资源管理到集群检索，从单一数据库到异构数据库的统一检索等服务，已成为一个面向内容管理的资源整合平台。

（4）保证整合系统的相对稳定性和可扩充性

信息资源整合平台可看作一个动态的系统。一方面，信息资源整合平台要保证系统运行正常（包括网络畅通、服务器和工作站可工作、软件模块可利用、用户日志记录清楚等），并保持相对稳定性。信息资源整合平台在构建了友好的用户使用界面，具有信息集成和辅助能力，能面向信息机构提供信息资源共享与协作，提供信息资源整合的统一接口，进而实现信息的无缝传递时，也应避免不必要的、频繁的更新。相对稳定性从时间上保证了用户界面的使用方便、提示清楚和标准化。另一方面，信息技术和网络技术发展很快，信息资源整合平台应避免因新技术发展而带来的信息更新滞后现象。在进行系统规划和设计时应考虑到平台的发展问题，并适时增加数据库的容量和数量，拓展新的资源项目。

追求的信息资源平台的稳定性是相对的，就是使用简便、提示清楚和基本一致等标准也是相对的；此外，我们还要求服务平台具有可扩充性，如支持用户教育、资源共享与业务合作、安全与系统管理等。这种可扩充性取决于用户需要的变化，也依托于信息服务系统功能的扩展，是适应信息技术和信息服务业发展必然要产生的变化。

从以上分析可以看出，信息资源整合平台的建设要求是互相联系、互相影响的。平台构建的标准化、功能的集成化、相对稳定性和可扩充性的统一，以用户为中心都是信息资源整合平台需要重视的问题。

2. 信息资源整合平台的构建原则

从信息资源整合的国际合作和我国国内信息资源的需求与发展上看，实现信息资源整合平台建设的整体构建战略的时机已经成熟。从宏观上看，信息资源整合平台建设具有两方面的战略目标：一方面，使基于互联网沟通的图书情报系统的成员机构，能够充分而合理地享用整合资源，能够有效利用平台工具开展面向用户的集成化服务；另一方面，用户通过平台能够满足全方位信息需求，享用一站式的全程服务。定制服务和用户实名制在一定程度上反映了信息资源整合与集成服务的发展趋向。从微观上看，信息资源整合平台与参与整合平台建设的所有机构有着具体的业务关联，因此必须解决具体的资源与服务问题，将图书情报服务单位的技术、管理和服务纳入社会化的信息资源整合与服务平台建设轨道。相应地，图书情报领域内信息资源整合平台的构建应遵循以下基本原则。

其一，整体优化原则。图书情报信息资源整合平台作为国家基础性、公益性和共享性资源平台的一部分，必须打破地区、系统、部门和行业的限制，实现跨地区、跨系统、跨部门、跨行业的资源共建共享；以网络技术平台的使用和专门性信息资源与网络融合为基础，构建支持国家可持续发展的信息资源整合平台，解决各系统的互联和协调服务问题。

其二，利益均衡原则。信息资源整合平台必然涉及国家安全、公众利益，信息服务机构、资源提供者、组织者、用户，以及公益性服务以外的网络信息服务商、开发商的权益。因此，在信息资源整合平台的构建过程中，要调动各信息服务机构的积极性，协调好各种利益关系。

其三，开放性原则。要执行国际、国家标准规范，采用集成各种先进的平台构建技术，建设具有通用性的面向用户的平台，使平台能兼容各种资源系统。信息资源整合平台功能的发挥要依赖数量巨大的国内外信息资源系统，各资源系统之间既相对独立，又互相融合。在面向用户的信息资源平台建设中，应充分利用国内外已有资源、技术和服务来加快建设速度，扩大服务能力，提高建设效益。为此，我们应走开放性建设道路，加强与其他信息资源系统、国内信息产业链的有关机构和厂商、国外相关机构和系统的合作，实现信息资源整合平台的共建共享。

其四，发展性原则。信息资源平台要在容量上、功能上、技术上留有充分余地，以适应信息技术发展和图书情报服务业务发展所带来的必然变化，应将服务业务的拓展与资源平台建设相协调，以此推动面向用户的集成化信息服务的发展。

其五，平衡性原则。在信息资源整合平台建设中，平衡好信息资源的变与稳，以及"链接资源"和"本地资源"等各种关系至关重要。内部资源和外部链接资源的比例应该适当，可以根据平台目标和用户需求来确定。同时，需要处理好"存取"和"拥有"的关系，以确保用户能够方便地访问所需的资源，并保证平台的长期稳定性和可持续发展。为了达到这一目标，在信息资源迅速变化的同时，可以建立有价值信息的长期保存机制，并及时更新信息，以保持平台的实用性和可靠性。通过平衡变与稳的关系，可以使平台更好地满足用户需求，并为用户提供有效、高质量的信息服务。

3. 信息资源整合平台的结构

信息资源整合平台以现代数字网络技术为支撑，其基本要素包括计算机硬件、软件和各种信息资源，以及根据需求研制或购买的整合工具软件、信息服务和用户。信息资源整合平台的结构包括支持环境层、信息资源层、信息整合处理层。

（1）支持环境层

支持环境层是支撑信息资源整合平台存在和运行的基本结构，主要包括网络设施环境、技术支持环境、管理机制与其他支持环境。

网络设施环境。平台构建的首要环节是要以公共通信和数据传输网络为基础，构建覆盖全国各地区的信息资源中心。我国支撑图书情报资源整合平台运行的网络环境已基本形成，如中国公用计算机互联网（ChinaNet）、中国教育和科研计算机网（CERNET）、中国网通宽带高速互联网（CNCnet）、中国科技网（CSTNet）、中国金桥网（ChinaGBN）、中国教育卫星宽带传输网（CEBsat）等都较为完善。在全国大部分城市与部分县、乡都已具备了网络条件，只要配备计算机设备，就可以接入国家骨干通信网络系统。

技术支持环境。技术支持环境涉及的主要技术有平台的管理技术，网络数据安全技术，数字化信息的生成、处理与存储技术，多媒体数据库技术，文本挖掘技术，知识发现技术，信息内容可视化技术，语音识别技术，自动标引、分类和翻译技术，以及相关的技术标准和规范等。依靠技术支持环境，可以方便地提供基于网络环境的信息资源、可靠的安全保证和平台系统的自动升级等。

管理机制与其他支持环境。管理机制主要是确保平台有效运行的管理技术和手段。其他支持环境有平台建设的政策导向、资金投入、人才要求、管理评估监督等。

（2）信息资源层

信息资源是国家的一种重要战略资源，是图书情报机构开展信息服务的基础。信息资源层是一个学科专业覆盖相对齐全，资源结构合理，各种类型的信息资源相互依存、相互补充的国家信息资源保障体系。信息资源应当明确共享范围，扩大采集范围，并经过选择、深层次加工和处理，具有足够的广度和深度来满足用户的不同需要。网络环境下的信息资源整合平台除了依赖于文献资源、网络信息资源外，最主要的就是依赖于文献资源和网络资源加工形成的书目数据库、文摘数据库、全文数据库和事实数据库。例如，中国知网信息资源层由系列数据库、互联网资源整合数据库、各类厂商提供的加盟数据库、各类机构用户投稿出版的数据库四大部分组成，核心资源层的资源在知识网格环境中呈现给用户的是一个虚拟的"知识资源总库"。数据库的建设一方面要以现有单位或部门的文献资源为基础，对多年积累的、分散的信息资源进行整理和整合，通过标准化、规范化手段加工建库；另一方面要对网络信息资源和新增资源进行整理和整合，通过标准化加工管理手段，保证数据的可用性和完整性。

（3）信息整合处理层

信息整合处理层负责汇集和集成分布异构资源，并进行深度挖掘，从而建立基于知识内容的知识网络，为用户提供统一的知识资源体系和单一的知识服务环境。为了满足用户需求并提供更高质量的信息服务，信息资源整合平台可以向集成式服务内容转变，并最终基于"知识单元"的知识服务模式。通过集成多种服务内容，如信息检索、原文提供、研究学习平台、情报分析等，可以使用户能够在同一平台上方便地获取所需信息和进行相关操作。同时，基于"知识单元"的服务模式可以更好地解决用户需求，根据用户具体需求提供相应的知识服务，提高服务效率和质量。这种服务模式可以利用人工智能、大数据和其他技术来处理、分析和呈现信息，从而为用户提供更加精准和个性化的服务，满足复杂的知识需求。信息服务人员根据用户需求和解决特定问题的需要，运用各种知识挖掘、个性化服务、知识可视化等服务手段和技术，从所有的信息资源中获取所需要的知识信息和问题解决方案，并可以在人与人的交流互动过程中得到新知识，实现知识增值。

4. 信息资源整合平台的功能

信息资源整合平台应具有以下功能。

（1）用户管理功能

用户管理包括用户登录、身份认证、个人资料编辑等内容。信息资源整合平台应该能够根据完整的用户管理方案来提供一系列全面的管理工具，包括对信息服务利用过程中的用户权限管理，对用户访问和使用信息资源情况管理，并保护资源拥有者和最终用户相关利益等功能。通过统一的用户界面，允许不同类型的资源、服务和应用以组合方式显示在统一的页面上，支持统一检索，实现平台与其他应用系统（如 OPAC、馆际互借等）的用户信息统一管理和授权服务等。

（2）信息内容管理功能

信息内容管理功能主要包括：①信息资源的发现与采集功能，信息资源整合平台应支持通过计算机来获取已经数字化的文章、图片、录音、录像等多种来源的信息；支持通过扫描、识别、压缩和转化等多种技术来创建数字信息；支持通过开放的内容创建的应用程序接口和其他厂商的相关技术产品来完成不同种类信息的数字化及内容的提取；提供开放链接解析（即资源调度）功能，实现电子资源之间的无缝连接。②信息资源的存储与管理功能，信息资源整合平台应当能够综合利用包括全文数据库技术、面向对象的技术和多媒体技术等来为用户提供实用性强、完整性好和安全性高的资源管理解决方案。此外，信息资源整合平台还应提供独立于内容之外的数据管理工具，使其能够具有对多种系统的操作能力。③信息资源的加工与整合功能，信息资源整合平台通过资源加工软件创建特色资源数据库，将未数字化的资源进行数字化转换，将已数字化的资源转换为指定格式的资源，并能将指定格式的资源文件批量装入资源数据库，如将导航数据、元数据、全文数据、多媒体数据等数据库中的结构化与非结构化数据通过转换、复制、导入等技术聚合起来，建立联合资源仓库，从而不断完善基于集成服务平台的数据库系统。信息资源整合平台基于联合资源仓库中多种类型元数据，对用户提供多种导航浏览方式（如学科导航等），便于用户快速查找、定位所需资源和服务，提供集成检索服务。

（3）信息的动态发布功能

除了支持信息服务机构在资源整合平台上发布信息外，信息资源整合平台还应当支持用户在现有的任何计算机网络系统上发布需求信息，或者自己感兴趣的信息，并且发布的信息在任何具有图形化用户界面的计算机网络系统上都可以进行呈现和阅读；支持包括传统的 C/S 到 B/S 在内的多种信息发布和服务途径；支持包括通过触摸屏、手写及语音识别等技术来为特殊用户提供信息服务，使系统做到对用户透明，并具有良好的安全性、易用性和可扩展性。

（4）集成化的信息服务功能

信息资源整合平台应具有强大的访问控制及信息查询的服务功能，包括文本和图像分析工具、数字化音频和视频信息的查询工具，提供全文检索、基于声音和图像的检索以及自然语言检索等多种检索方式。信息资源整合平台应能基于平台提供个人信息定制、用户访问控制、语言翻译、网络搜索、增值服务、参考咨询服务、决策支持服务、用户研究、数据库指南、各类文献信息查找指南、联机帮助、课程点播、同步授课、交互辅导、作业管理、意见反馈等服务功能。这就要求不仅要将服务流程中的各个服务应用模块集成在一起，还要实现服务平台与资源平台之间的无缝连接和互操作。

5.4.3 农业网络信息资源整合平台跨系统的实现

从信息资源整合平台的发展看，平台大都是以数字图书馆为基础，按系统进行构建和运行的。这些平台分散建设，具有各自的分工和定位。然而，随着国际信息环境的变化、知识创新组织的社会化，以及市场经济中机构体制的变革与完善，信息资源整合平台按系统建设、部门组织的发展模式受到了来自各方面的挑战，客观上提出了信息资源整合平台跨系统发展的要求。

1. 信息资源整合平台跨系统建设战略的提出

我国图书情报事业长期以来实行以部门、系统为主体的组织发展体制，其服务在部门、系统基础上进行，信息资源整合平台建设也是在这一体制下进行。我国建成了国家科技信息资源整合平台、中国高等教育文献保障平台、以国家图书馆为核心的地区性和全国性的文献信息资源共建共享平台、中国科学院信息资源共享平台，极大地推动了信息资源整合平台的发展。然而，这种按系统进行的信息资源整合平台建设存在部门、行业间自我封闭、条块分割问题。信息资源重复建设和用户需求得不到满足的矛盾以及宏观环境的变化，在客观上提出了进行跨系统信息资源整合平台建设的战略要求。

其一，知识创新主体的社会化决定了信息资源整合平台跨系统建设的方向。在传统的以科学研究与发展为主体内容的知识创新中，除公共图书情报机构（主要是公共图书馆系统和综合性科学情报机构）所提供的知识信息服务外，其创新信息保障主要依赖于各部门、各系统内的信息整合和服务，由此决定了信息资源整合平台的部门化、系统化和专业化发展模式。这种发展模式适应了国家以科学技术为主体的知识创新系统的建立与制度安排。在市场经济体制下的面向国际信息化的发展中，我国相对封闭的知识创新系统结构发生了根本性变化，随着科技体制和经济体制改革的深入，以系统、部门为主体的创新正向开放化、社会化、市场化、协同化方向发展。在知识创新推进中，部门、系统的界限逐渐被打破，国家科学研究和发展机构与企业研究和发展结合，开始重构国家知识创新大系统。这意味着，知识创新已从部门组织向社会化组织发展。在这一背景下，条块分割的信息资源整合平台发展模式必须改变，以信息资源共建共享和开放服务为特征的跨系统建设战略必须确立。

其二，政府机构改革和职能转变导致所属信息（情报）机构的组织关系变化。政企分开以适应社会主义的经济发展，是我国从中央到地方政府机构改革和职能转变的重要内容。通过改革，我国传统的通过设立行业部（委）管理企业和经济的形式，已成功地过渡到政府宏观调控，按现代市场规律管理企业和经济的形式。在政府机构改革中，按行业部门设立的国家行业信息（情报）机构进行了两方面的转变：一方面，并入国家面向全社会的综合性信息（情报）机构，实现面向社会的服务；另一方面，进行政府机构改革，实现市场化信息服务。

其三，用户信息需求的全方位和综合化决定了整合平台跨系统建设模式。当今，用户的信息需求已经发生了根本变化。出于职业工作的需求和知识积累与更新的需要，用户迫切需要通过图书情报机构提供的服务，获得从事创新活动所需的内容全面、类型完整、形式多样、来源广泛的知识信息，要求图书情报机构为他们提供全程性、全方位的知识信息保障，以满足他们多方面、系统化和综合化的业务要求。同时，在科学技术发展过程中产生的学科、专业领域的交叉，使单一专业化和系统化的信息资源整合平台愈来愈难以满足其要求，因此必然求助于各专业机构的合作和协作。

其四，信息技术的进步和信息网络的发展使跨系统的整合平台成为可能。传统图书情报机构的知识信息服务受地域、范围限制和时间约束，很难面向范围外用户开展系统性服务。信息组织和处理的数字化、基于标准化的数据库资源共享以及信息传递、提供与服务的网络化，为跨系统平台建设提供了良好的技术支撑。

其五，信息整合跨系统发展也是图书情报事业可持续发展的要求。突破部门、系统的图书情报事业与公共图书情报事业（主要是公共图书馆）结合的分工模式，实现政府主导下的、以公共平台为基础的、面向社会的多元化结构构建模式，即以国家调控、计划为主线，以社会化投入为基础，将社会与经济效益结合，实现图书情报事业宏观投入、产出的合理控制的运行机制。显然，在社会开放条件下，如果图书情报事业体系仍然是部门化的，就不可能有效地实现社会的运作，这也是长期困扰我国图书情报事业发展，导致经费短缺的一个重要因素。因此，有必要从根本上解决影响图书情报事业良性发展的问题，从体制上确立其社会化组织体系，使之与社会信息化和经济整体发展相协调。

2. 信息资源整合平台跨系统实践进展

我国一些地区和行业已经就信息资源整合平台跨系统实现进行了一些积极探索，取得了一些成效。

（1）区域性信息资源整合平台跨系统实现的实践进展

1999年，上海成立了上海市文献资源共建共享协作网，它是我国区域性跨系统信息资源整合平台建设的典型案例。上海市文献资源共建共享协作网是由上海地区公共、科研、高校和情报四大系统的19个图书情报机构组成的跨系统信息资源整合平台。通过协议的方式，上海市文献资源共建共享协作网各协作单位开展了以外文文献采购协调、馆际互借、联合网上编目、网上联合知识导航站建设等为代表的系列资源整合与共享服务活动，从整体上提高了上海地区信息资源整合与服务的水平。湖北省科技资源共享服务平台是湖北省科技信息研究院建设的跨系统信息资源整合平台。该平台整合了高校、中科院、科技信息和公共图书馆四大信息系统。2005年，湖北省科技信息研究院通过长江技术经济信息网与中国教育科研网的互联，实现了教育网和CALIS科技网的整合。长江技术经济信息网与中国高等教育文献保障系统华中中心（武汉大学图书馆）成功整合，实现了在统一平台上的检索。同时，通过与国家科技图书文献中心完成无缝连接工程，实现同步传输科技文献信息。

这些区域性的跨系统信息资源整合平台都是在地方政府推进，部门协调下进行的局部整合。从宏观上看，这些平台都没有摆脱布局分散甚至重复建设的问题，而且，信息资源存在区域分布和发展的不均衡问题，缺乏国家层面的整体规划。跨系统信息资源整合要扩展到全国范围内，需要在国家宏观调控下整体推进，以实现全国性的跨系统信息资源整合平台建设。

（2）科技文献信息资源整合平台跨系统的建设进展

国家科技文献信息资源与服务平台是国家科技基础条件平台子平台之一，是科技信息资源的跨系统整合的成果，是在财政部、教育部、中国科学院、中国工程院、国家科学基金会、中国科协等有关科技部门的支持下进行的。科技文献信息资源与服务平台是全国科技信息文献系统、国家图书馆系统、中科院文献情报系统、高等院校图书与信息系统、国家专利文献系统、国家标准文献系统、科学技术方法与工艺方法文献系统、国防科技情报系统等系统科技信息资源整合的重大工程。

目前，国家科技基础条件平台建设已进入研究实施和组织试点项目阶段。国家科技基础条件平台建设不但是有关部委联合的重大科技发展项目，而且正在筹划列入我国中长期科技发展规划，以便在国家立法的基础上得到根本保障。国家科技文献信息资源与服务平台是特定领域的跨系统信息资源平台的整合，为更大范围内跨系统信息资源整合平台的实现提供宝贵的借鉴。

3. 跨系统信息资源整合平台战略的推进

跨系统信息资源整合平台的战略目标就是要利用各系统信息机构在信息资源的开发利用上存在的互补性，通过整合，节约重新开发的费用；实现信息服务的整体化组织，实现信息资源的整体化、社会化和全方位配置，适应用户跨系统、跨部门的集成信息服务的发展需要。

信息资源整合平台跨系统的实现需要在整合科学技术部领导的科技信息资源整合平台、教育部领导的中国高等教育文献保障系统、文化和旅游部领导的全国文化信息共享平台、中国科学院支持的国家科学数字图书馆、国家图书馆主持的国家数字图书馆五大平台的基础上，整合地区性、行业性信息资源整合平台，并协调好市场化资源整合与服务平台的接入。

资源跨系统整合战略的推进是一项复杂的社会系统工程，涉及国家宏观管理、机构协作、服务组织和技术推进等环节。在推进过程中，除坚持以社会化需求为导向，以现代技术为依托，以社会发展为基础的一般原则，还有以下几方面的问题必须解决。

（1）跨系统信息资源整合平台战略实施主体调整

我国图书情报事业在发展中从属于不同的政府主管部门，如文化和旅游部负责图书馆工作、科学技术部负责科技信息（情报）机构管理，而工业和信息化部负责与图书情报事业基础建设相关的信息网络。这种分散化的政府管理使跨系统信息资源整合平台建设受到限制。就当前管理体制而言，要推进一项系统建设工程必须由多个平行部门协调。这样不仅效率低，而且难以统一规划。为了更好地管理，可以在现有体制的基础上，将跨系统信息资源整合平台战略纳入国家信息化建设的轨道，作为社会信息化和信息服务社会化的一个方面，归为国家专门机构统筹管理，以此为前提，实现多部（委）协调和社会共建。

（2）进行跨系统信息资源整合平台发展战略目标的合理选择与定位

跨系统信息资源整合平台建设是一项较长期的任务，在战略实施中宜采用分阶段推进的原则，既要制定长期发展计划，又要考虑分阶段目标的选择和定位。跨系统信息资源整合平台按试验发展阶段、重点推进阶段、全面推进阶段和全面普及阶段的四个阶段，根据基础、现状、需求与发展进行组织。从全局看，跨系统信息资源整合平台战略目标选择与定位的依据包括社会发展基础条件、社会化的用户需求、所依赖的社会基础设施、国际信息环境、文献信息资源结构与分布、国家政策与国家信息化战略目标规划等。在局部跨系统信息资源整合平台发展中，则应从局部出发，在与全局协调的基础上进行战略目标的合理选择与定位。

（3）跨系统信息资源整合平台战略实施组织

这包括战略实施体系构建、战略实施导向、战略实施监督与评估等基本环节。首先，明确战略实施的基本要素（组织要素、技术要素、资源要素），明确实施主体的基本工作与任务。其次，在明确基本战略要素的前提下，寻求基本的战略实施路线。目前可供选择的战略实施路线有用户需求导向、技术组织导向、资源与市场化管理导向等路线，其要点是从某一基本问题着手，进行全面组织。同时，战略实施应有基本的监督与评估保障，目的在于及时发现问题、反馈信息、调整计划，以达到优化目标的目的。

（4）跨系统信息资源整合平台战略实施的政策、法律保障

国家信息政策和法律是实现跨系统信息资源整合平台基本保证，也是战略

的制定和实施依据。任何一个国家图书情报事业的发展都离不开政策导向和法律支撑，如美国基于政府导向、多元投入、法规保障的组织模式；法国的集中管理政策与法律支撑体系；英国的分部管理、集中推进的政策框架等，都是针对各自具体问题而形成的政策、法规体系。它们的共同点是，将图书情报事业发展纳入国家信息管理的总体战略和法律体系。国外的成功经验值得我们重视，在具体问题的处理上，我国必须考虑跨系统信息资源整合平台与国际信息化环境的适应性，以及与国家总体政策和信息立法的相容性，以此为前提，在组织和管理上全面推进社会化。

5.4.4 农业网络信息资源整合平台构建的趋势

农业网络信息资源整合基本是分系统进行的，缺乏技术沟通和管理沟通。因此，如何推进面向用户的服务平台构建是一个值得重视的问题。

1. 信息资源整合平台面临的挑战

信息资源整合平台为集成各种资源，充分发挥各个信息系统的资源优势、技术优势等提供了一个优化的解决方案和途径。目前网络基础设施和硬件处理能力等外在环境的变化，互联网的普及以及信息机构服务的深化，对现有的分布式信息资源平台提出了极大的挑战。

①信息基础设施建设的推进、网络的更新和网格技术的发展，为依托数字网络的集成化信息服务提供了新的发展基础，使历史形成的条块分割信息资源系统无法集成起来发挥各自的优势。

②不同系统、不同地区的信息服务机构往往独立地建立各自的信息资源系统，其信息资源的采集、管理和发布由各部门自行管理，缺乏统一的协调和规划；从而导致相同的信息资源在不同机构的重复建设，信息资源描述的一致性、合理性、有序性和受控性难以保证，严重影响用户获取信息的全面性和有效性。因此，构建统一标准的资源整合平台，使其运行正常是其中的关键。

③信息资源体系庞杂和分散分布，要求对全国范围内的信息资源系统进行重构，只有从信息资源整合平台的共用出发，在最大限度地利用现有的信息资源和信息系统的基础上，避免新的信息资源系统建设的重复。目前，许多信息机构已认识到建立信息资源整合平台的重要性，但分布式资源结构和异构数据库是基于整合平台资源共享的障碍。这一问题的解决，需要对已有的信息资源进行有效的集中，从而提供具有可扩展性的信息交换平台，实现对各类资源的互访、共用、搜索，以提供深层次的服务。

2. 信息资源整合平台的实施办法

（1）建立科学的管理与协调机制

发达国家十分重视国家信息基础结构的有效管理和协调，纷纷确立了政策导向的信息资源整合平台科学管理与协调机制。由于受信息服务中条块分割的管理体制影响，我国在信息资源建设中，标准不统一、资源重复开发、效率低下。在面向未来的信息资源整合平台建设中，我国应在组织管理方面探索出一条真正实现资源共享的道路。这就需要在组织管理方面加大力度，确定加强合作、减少重复、实现资源共享的方案。制定战略规划时，我国需要在国家的整体架构、统筹布局、政策导向、法规建设、经费保障和项目支持下，对信息资源整合平台进行准确定位，兼顾发展要求和长远发展要求；需要在理顺现有管理体制的基础上，进行跨地区、跨系统、跨部门、跨行业的开发规划，确立平台建设与使用的新秩序。在国家统筹下，信息机构要进行制度变革，对资源管理流程进行重组和规范，协调信息资源系统之间的关系，形成良好的信息资源利用反馈机制。强化管理的控制功能和服务功能，适应个性化需求下的多变而复杂的环境，实现面向用户的信息资源整合目标。

（2）调整经费投入结构

一方面，积极拓展信息资源整合的范围和服务内容，吸引更多的社会投入。在信息资源的社会化开发与利用中，加速资源建设与平台服务的市场化。在市场经营中，针对用户的实际需求，规范平台建设经营行为，进行信息资源集成服务市场结构的优化。另一方面，在信息化建设中，按知识经济的增长情况调整信息资源整合平台建设的政府投入，实行资源的集中配置。

（3）完善信息资源整合平台的标准化建设

标准化是国家信息化体系建设的重要决定因素之一，加快标准化建设是信息资源整合平台建设的基本保障和现实需求。标准规范的信息资源整合平台需要确立建设的全局观念，确定长远目标，确保国际标准、国内标准及各行业规范细则的兼容。在信息资源采集和建设方面，必须明确资源选择、数字资源转换、对象数据库建设等方面的标准规范。在信息组织与存储方面，要确定分类、标引、描述、压缩、存储、编码转换、元数据、标识语言、数据格式等方面的标准规范。在信息检索方面，要明确全文数据库检索、多媒体信息检索、可视化检索、异构系统的互动操作、传输控制与互联协议等方面的标准规范。在信息的权限管理和安全方面，要明确加密、水印技术、指纹鉴别等方面的标准规范。

（4）确立信息资源整合平台的社会化、市场化运作机制

用户信息需求的全方位和综合化决定了面向社会大众的开放化信息资源整合模式，作为知识创新主体的用户出于职业的需求和知识积累与更新的需要，希望通过信息资源整合平台，获得内容全面、类型完整、形式多样、来源广泛的信息。这要求信息机构为用户提供全程性、全方位的信息保障。另外，科学技术的发展带来的学科、专业的交叉使得专业化的知识信息搜集存储愈来愈困难，因此信息资源整合平台必然要与各专业信息机构合作和协作。这种合作和协作关系的发展，要求对封闭的专业信息机构进行整体的整合与调整。信息资源整合平台既要讲求经济效益，又要讲求社会效益。这就要求资源平台的建设既应符合市场需要，满足用户多样化的信息需求，又应符合社会发展需要，力求社会效益与经济效益的统一。

（5）基于技术发展的信息资源整合平台建设中的需求导向

面向用户的信息资源整合平台设计要求从用户的需求出发，针对用户的问题、环境、心理、知识等特征来设计与开发平台的功能。有效的信息资源整合平台应该能够充分表达用户需求，充分支持用户的习惯和行为，根据用户对获取信息的处理情况动态地调整知识库，帮助用户做出最优选择，实现基于用户需求驱动的信息资源整合，使资源与用户的检索、利用形成互动。面向用户的信息资源整合平台要能够获取、提炼、存储、分析、提供信息，解决用户问题，要能够突出用户知识结构、兴趣爱好等，强调跨学科、跨部门用户协同，发展资源整合平台的关键技术。在技术发展中，需要充分利用数据库、可视化检索技术、智能代理、搜索引擎、数据挖掘、知识发现、人工智能、网格技术等现代技术手段存储、传播、挖掘信息，实现信息的集成与充分共享。同时，按照服务特色和工作重心，有选择地进行技术研发和应用，建立适用于网络信息资源整合的综合技术体系，如建设网络信息资源的链接与动态整合系统、信息交流体系，从不同层次推进信息资源的整合。

知识信息时代为信息资源整合平台业务拓展提出了新要求，技术与网络发展为业务开展提供了手段。基于此，在整合平台的业务组织上，应致力于面向用户的信息服务业务的拓展，形成面向用户的业务拓展机制，同时在战略上予以保证。

6 闽南农业网络信息资源的现状及其整合的必要性分析

目前，农民获取农业信息的途径有限且分散，亟待农业信息资源整合；农业信息资源整合能更好地促进现代农业的发展。社会主义新农村建设的一个重要的内容是加强信息资源共享与整合，扩大服务网络，实现服务创新。闽南地区，狭义上指厦漳泉三个地区。厦门地区农业信息（数字）资源丰富，从可访问的涉农信息门户网站上就可见一斑，而漳州地区确实农业资源丰富，但农业信息化发展还比较落后，农业网络信息（数字）资源和农业资源还不匹配。

6.1 闽南农业网络信息资源的现状

6.1.1 闽南农业信息网站建设水平不高

福建省农业信息网站的建设水平不高。闽南的大部分市县建立了农业信息中心，乡镇级农业信息中心逐步建立。闽南已开通的规模较大的涉农网站有厦门三农网、厦门农网、漳州农业农村局网站、泉州农业信息网、泉州农村信息网等。但是这些网站的规模有待进一步扩大，信息质量不高且内容较空泛，信息资源的时效性、准确性、权威性较差，需要对农业信息进行深层次的整合和开发，尤其要重视开发具有闽南本地特色和闽台两地的农业信息资源。在2010 年全国农业百强网站评选中，福建农业信息网是福建省唯一入选网站。闽南农业信息网站的建设水平亟待提高。

6.1.2 闽南农业网络信息资源的质量不高

随着互联网技术的飞速发展，大量农业科研单位、农业企业等都开展了农业网络信息资源建设，提供网络信息服务，但闽南农业网络信息资源建设没有同步发展。闽南农业网络信息资源的质量不高表现在：第一，闽南农业网络信息资源开发深度不够。农业网络信息资源建设没有一套完整的发展战略规划，对农业网络信息资源简单复制的较多,而进行二次、三次开发的少,导致农业网络信息资源重复的多,不能形成农业网络信息资源开发和利用的良性循环。第二,闽南农业网络信息数据库建设的质量不高。由于起步晚,市场化时间不长,政府的投入有限,数据库中农业信息资源覆盖的年限较短,更新较慢,数据处理比较简单,规模不大。

6.1.3 闽南农业网络信息资源建设中信息服务能力有待加强

闽南地区的农业信息服务体系初具规模,基本上有县、乡两级农业信息服务平台,但一些县、乡的农业信息服务平台的建设重形式,轻内容,重视初期建设而缺乏日常维护,没有培养合格的信息服务主体,相关农业科研机构和高校、相关农业协会、涉农企业及其他农业社会组织并没有真正扮演好信息服务主体的角色;对农业网络信息服务人员的相关业务培训和继续教育等不够重视,尤其是村镇农业网络信息服务人员存在素质较低、业务能力水平有待提高的问题,大多数的农业网络信息服务人员只负责农业信息的收集和发布,缺少对农业信息的进一步加工和整合,少部分的农业网络信息服务人员对农业信息缺乏敏感性、预见性,农户获得可利用、高质量的信息资源比较困难;提供给农户的是较低水平的信息服务,没有形成农业生产信息和农业产品供求信息体系,能够提供给农户、农业科研工作者的农业信息相对质量不高、种类较少;综合报道类信息相对较多而专业信息较少,简单堆砌的信息多而深加工的信息较少,重叠的信息较多而有特色的信息较少,基本上无法满足农民日益增长的生产经营活动的需求。

6.1.4 闽南农业网络信息资源利用效率偏低

目前,闽南地区农业信息资源分布在不同部门或区域,在当前农业信息化建设和农业信息资源整合的过程中,网络信息资源的利用效率还是比较低的。可能的原因如下:一是信息过载。随着互联网的发展,人们可以获得的信息越来越多,但同时面临信息过载的问题。信息过载会导致用户无法有效地筛选和获取有效的信息,从而降低了信息资源的利用效率。二是缺乏优质信息源。在互联网上存在大量的信息,其中很多并不是高质量的。缺乏可靠和优质的信息源会使得人们耗费更多的时间和精力去寻找更好的信息,影响信息利用的效率。三是搜索引擎算法不完善。搜索引擎是获取信息的主要工具,但搜索引擎的算法并不完美,可能会返回与所需信息不相关的结果,或者忽略了某些有用的信息。四是缺乏信息素养。信息素养是指人们有效获取、评估、使用和管理信息的能力。如果用户缺乏良好的信息素养，会导致无法有效地利用网络信息资源。

6.2　闽南农业网络信息资源整合的必要性分析

社会对信息资源的需求是信息资源整合的强大动力，而农户、农业科研人员等用户对农业网络信息资源的迫切需求是农业网络信息资源整合的重要动力。闽南农业网络信息资源整合的必要性主要表现在以下几个方面。

6.2.1　农业信息服务意识薄弱

农业信息服务意识薄弱指的是农民或相关从业人员对于利用现代化信息技术，获取、分析和应用农业信息的认识不足或乏力。这可能导致他们无法及时了解市场需求、天气、疾病防治等关键信息，并且在农业生产决策中缺乏科学依据，影响农业生产效率和经济效益。主要体现在以下几个方面：其一，农民获取到有用农业信息的渠道还比较单一，农业信息服务机构应该完善信息的发布方式和渠道，尤其要重视发挥网络、广播、电视等媒体的信息服务能力。其二，信息采集和发布工作缺乏统一的平台。信息的采集和发布由多个部门同时进行，各部门间没有实现信息共享。农业部门需要成立权威的信息发布平台，以避免农民难以获取权威信息及信息误导现象的发生。其三，农业信息发布频率低，发布制度和发布标准等不完善。农业部门应建立严格的发布制度与发布标准，以使农业信息的内容、数量、质量方面都有进一步的提高。

6.2.2　投入力度和重视度不足

目前的情况看，闽南农业信息化建设的基础设施总体投入不足，尤其是县乡的基层农业信息化机制不完善，农业主管部门投入不足。一方面，硬件设施较落后，应该增加投入、更新设备；另一方面，农业网络信息资源的建设和整合初期投入一般比较重视，而在资源建设的后期管理、运行、升级等方面缺乏相应的支持和保障。有些农业部门领导和工作人员对农业信息资源的认识跟不上，重视不够，不了解充分利用与整合农业信息资源的必要性，对其予以农业发展的效益认识不足。

6.2.3 信息资源建设需要完善

闽南农业信息资源建设在以下几个方面需要完善：一是指标体系需要完善。信息采集的指标需要调整，增加能够体现农村经济发展的指标，筛检脱离实际情况的指标，特别要增加能够反映农村市场供求信息、农业科技信息的指标，以满足农民、农业科研人员等对农业信息的强烈需求。二是农业信息的采集需要审核，信息发布后需要更新。在信息采集上，信息采集员采取的信息、调查方式较全面，但信息采集后缺乏审核，信息采集员的个人偏好可能会影响信息的准确性。农业信息在发布成功以后，随着时间的推移有些内容需要根据当前的实际情况进行更新。三是农业信息数据库建设需要加速，农业科技技术、农产品供求信息平台等农业信息数据库的建设需要进一步加强，信息的分析预测、信息的加工深度等需要加强，使其能够与其他资源平台共享信息资源，完善目前的农业信息服务体系。

6.2.4 组织机构不完善和人员素质需要提高

一是农业信息管理和服务需要进一步完善，一些市、县农业部门尚未建立专门机构负责农业信息工作，缺乏统一的规划和长期发展愿景。二是信息人员的编制不足，信息收集、信息处理等工作的增加，信息发布频率的增加等，这些都需要大量的信息业务员和技术人员。三是信息服务人员的知识结构不能很好地满足工作的需要，缺少日常信息培训和技术培训，成员的信息素质需要提高。

6.2.5 部门需要加强协调

闽南农业部门与其他涉农部门之间及农业部门内部现在仍没有做到信息的完全共享，致使农业网络信息资源的建设与整合难度较大。通过对闽南农业网络信息资源的整合，可以满足广大用户对专业的、及时全面的信息资源的需求，可以解决目前分散在区域内的行政单位、高校、农科所、企业组织等信息资源的共享问题。

从农民的角度上看，整合闽南农业网络信息资源，可以帮助农民"整体解决"对准确信息的需求，缩短信息传递和反馈的时间，从而提高效率，降低成本。由于农户本身一般信息素质不高，往往面对网络上各种纷繁复杂的信息资源无从下手。以漳州芗城区为例，农村剩下的劳动力相对文化程度和综合素质偏低，不符合发展现代化农业的目标，漳州芗城区的农业信息人员通过开办农民培训班等多种形式培养"有文化、懂技术、善经营、会管理、思想新"的高素质新型农民，并通过农业信息资源整合实现了农民增收。农业信息化建设和网络信息资源整合逐步让农户认识到，应该学习和推广标准化生产技术，通过无公害、绿色食品的认证来提高农产品的认可度、知名度。如芗安蔬菜的蕹菜、菜豆，天宝牌天宝香蕉，大崟山牌白芽奇兰等分别获无公害农产品、绿色农产品证书。从农业生产的角度上看，通过对闽南农业网络信息资源的整合，可发挥其网络优势，来进一步推广和展示区域内特色优势农业产业，扩大特色农产品的销售范围和知名度，同时，提供给用户更全面、准确、高质量信息，实现闽南农业和农村经济的跨越式发展。

漳州市将立足漳台优势产业融合，持续推动漳台农业融合发展，高质量建设台湾农民创业园（下称台创园）和闽台农业融合发展产业园，2021 年将新批办台资农业项目 20 个以上，合同利用台资 1 500 万美元以上。漳州官方已将实施漳台农业融合发展工程，列为 2021 年实施乡村振兴战略十大行动的重点任务之一。而多年来，漳州充分发挥自身农业资源丰富的优势，对台农业合作一直走在大陆前列，农业利用台资持续位居大陆设区市第一位，已成为两岸农业合作最活跃的地区和闽台农业融合发展的先行区。官方数据显示，截至2021 年，漳州市累计批办台资农业项目 1 306 个，合同台资 21.03 亿美元，分别占福建全省总数的 45％以上；累计引进台湾农业良种 1 900 多种、新技术近1 000 项，推广面积 100 多万亩；260 家台资农业企业增资扩产，增加台资4.43 亿美元。漳州市出台 10 条措施，从深化优势产业融合、鼓励农业科技合作、推动农业科技人才交流、加大对园区建设支持力度、提升农业品质品牌、保障合作项目用地、推进漳台种业合作、加强乡建乡创合作、强化金融保险服务、优化通关检疫环境等方面进行专项资金补助，促进漳台农业融合发展。对比以往政策措施，这 10 条措施首次争取到市级财政对漳台农业交流合作的专项资金补助。有台商称，这是漳州支持漳台农业融合发展的一个新突破。在国家、省惠台政策措施的基础上，漳州市县两级财政每年安排专项资金用于扶持漳台农业融合发展，对新落地台资农业项目、省级闽台农业融合发展示范推广基地等给予补助，对新创建并成功申报台创园、产业园以及台创园创建国家现代农业产业园等给予奖励。因应农业品质品牌提升的迫切需要，漳州也鼓励台企建基地、创品牌，扶持台企参与农业标准化示范区建设，提升农业品质品牌，推进漳台种业合作。漳州对台农业交流合作起步早、基础好、有优势，政策红利叠加带动台商台企深耕漳州。漳州市农业农村局相关人士表示，将通过做强特色产业、做优基地建设、做实园区品牌、做大合作平台、做深对接交流、做细台农服务等举措，推动全区域、全领域、全链条深化两岸农业交流合作。对漳州地区农业网络信息资源的整合，将会促进本地区重点农产品的生产水平和销售质量的提高，扩大漳州地区特色农产品在省甚至全国范围的影响力。农业网络信息资源的建设和整合能够提高农业生产效率，可以促进农业产业结构的调整，有利于完善农村市场，提高农民的实际收入，并能满足开阔农民的眼界，进一步深化新农村建设的需要，推动农业现代化加快步伐。

7 基于 DSpace 的闽南农业网络信息资源整合方案

7.1 闽南农业网络信息资源整合的目标及内容

加强闽南农业网络信息资源的整合可以促进农村市场的可持续发展和农业产业结构的科学化，提高生产力水平和农民的收入水平，也可以开阔农民的视野，符合建设新农村的要求。因此，开展闽南农业网络信息资源的整合的研究，有助于加快实现闽南地区的农业现代化，促进农业现代化的跨越式发展，促进信息资源服务于"三农"。

农业网络信息资源整合的主要目标是为用户提供高质量的信息服务。因而，用户的需求是农业网络信息资源整合的原动力。在对闽南农业网络信息资源进行整合之前，要对用户进行认真的研究，明确用户的构成、用户的需求特征，以及其未来的发展方向等，确立以用户为中心的农业网络信息资源整合方针。其一，重视采集的内容和选择。农业网络信息资源的整合不是信息简单的叠加，重要性在于通过网络信息资源的整合，满足广大用户的需求。农业网络信息资源只有通过用户经常性的使用才产生经济效益和社会效益。其中，采集的内容和选择是整合成功的关键，在农业网络信息资源的整合过程中要尤为重视。其二，选择适合用户的信息分类组织。满足用户的需求，为用户提供便捷、准确、全面的信息检索和信息增值服务，提供一些评价知识的发展和研究的信息，这是网络信息资源的组织和管理的主要目标。所以在信息组织模式的分类上，以用户为中心，将选择的农业信息资源的内容按照一定的标准排序，从而方便人们更好地使用信息和传播信息。

闽南农业网络信息资源整合的内容可以分为以下三个层次。

1. 宏观层次上的闽南农业网络信息资源整合

宏观层次上的闽南农业网络信息资源整合是依据地域分布进行的农业网络信息资源整合，具体是指在漳厦泉各个地区的农业网络信息资源的基础上进行的整合，通过农业相关部门广泛意义的协作，实现农业网络信息资源从开发、组织到利用各个环节统一协调、统一标准，提高整体网络信息资源的保障能力。当然，这还需要福建省政府和福建农业厅等部门的相关文件及政策上的支持。

2. 中观层次上的闽南农业网络信息资源整合

中观层次上的闽南农业网络信息资源整合是以各个具体的农业相关部门（如农业科研部门、农业管理部门等）作为独立的个体单位进行的农业网络信息资源整合，以实现基于本单位的跨库检索、学科导航等。

3. 微观层次上的闽南农业网络信息资源整合

为了给用户提供个性化的交互式资源空间，实现以用户需求为导向的微观层次的农业网络信息资源整合，我们需要建立基于用户体验的可用、互通、可塑的农业网络信息资源体系。通过创建信息资源的一个虚拟的资源镜像，同时依据用户的需求构建与之相关联的知识体系。实现微观层次整合的方法主要有如下两种：一是应用智能代理技术，自动汇总和整理用户使用的历史资源并进行知识关联，以实现用户个性化的资源选择和存取。二是开发农业网络资源的RSS（really simple syndication，简易信息聚合，也叫聚合内容），用户通过一个浏览窗口或阅读软件，获取推送的整合信息，而无须逐一访问各种资源。

7.2 农业网络信息资源整合平台分析

1. 资源整合平台目标分析

随着网络信息资源的爆炸式增长，通用搜索引擎的局限性越来越明显，科研用户对专业化搜索引擎的需求越来越迫切。同时，中国科研用户在检索外文网站的学术资源时，由于语言障碍遇到的困难更大，以致忽视或错失了很多优质的学术资源信息，他们迫切需要一个正确的搜索引导。由此分析可知，资源整合平台的目的是实现农业网络信息资源统一检索和利用，并起到网络资源导航和发现的作用。

2. 资源整合平台功能分析

用户在检索信息时主要关心的是检索效率、信息更新速度、信息时效性、方法实现难易程度等。资源整合平台在功能实现上可分为三个模块：数据获取、存储模块；数据清洗、整合模块；数据发布、服务模块。

（1）数据获取、存储模块

数据获取主要通过数据抽取技术实现，即综合运用网络爬虫和数据存储技术。数据存储有两种方式：本地实际存储数据资源和本地存储数据资源索引。如果采用第一种方法，即将需求信息抽取出来存储到本地数据库，那么用户查询信息时可以直接调用本地数据库，检索速度只受本地网速影响，从而提高检索速率。第一种方法缺点是需要定期抽取信息，以更新数据库；不能保证用户检索到的是原网站上的最新信息。因此，第一种方法适合于更新频率较低的数据资源。如果采用第二种方法，即本地数据库不实际存储资源数据，只存储信息资源索引，那么用户检索时通过索引实时抽取查询信息，可以保证查询结果始终是最新的，信息时效性较高，适合于更新频繁的信息资源。其缺点是检索速度要受到各个科技社团网站网络状况的影响。综合考虑，可以将以上两种存储方式综合运用，将 About us、Committees/Executive Board、Member Center（Membership）、Awards、Contacts 及 Publications 的部分更新频率相对较低的信息抽取出来存储到本地数据库，定期抽取更新，将其他更新频率较高的News（Announcements）、Meetings 等信息数据进行描述，存储信息索引。这样，一方面可以减轻本地存储库的负担，另一方面也可以保证用户的检索速率。本地存储的数据还可以用于后期的数据挖掘和知识发现等。

（2）数据清洗、整合模块

数据获取后按内容类别存入资源分类存储数据库，形成初始数据库。这些数据需要进一步清洗、整合才能提供给用户使用。数据清洗主要包括资源一致性分析、完整性检验、冗余资源的筛选和排除、资源的规范性等。对清洗后的数据进一步分类标引，形成索引文件，如按照 News、Meetings、Publications、Committees/Executive Board、Member Center（Membership）、Awards、Contacts 等内容分类标准，生成索引。

（3）数据发布、服务模块

清洗、整合后的数据最终存入发布数据库。发布数据库中的数据可以为用户提供导航服务、资源检索服务、动态资源调用服务等。发布数据库的数据可以用于数据挖掘等其他应用。用户界面设计上，提供科技社团索引目录、索引查询，按内容分类呈现科技社团最新的重要信息，尽量做到内容全面，页面简洁、易用。

根据资源整合平台功能分析，科技社团网站信息资源整合平台的框架如图 7-1 所示。

后续研究中一方面将是实现平台的实际运行，并对平台的扩展性进行重点分析，使平台的使用范围进一步扩大；另一方面将是对平台的性能做进一步分析，不断完善，使平台符合科研用户的实际需求。同时，将平台的应用领域进一步扩展，增加学科范围，争取实现各学科领域重要科技社团网站资源的整

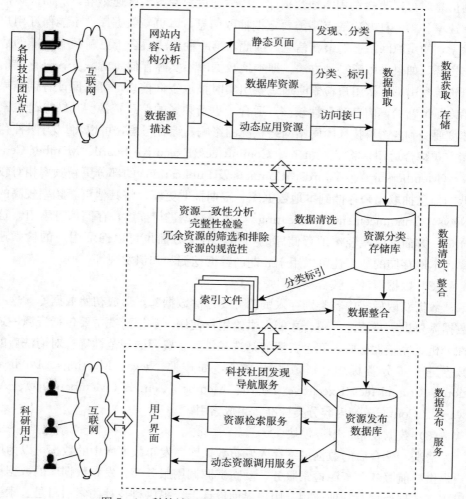

图 7-1 科技社团网站信息资源整合平台的框架

合。对于网站信息的抽取与整合服务可能会涉及资源知识产权和使用权限的问题，因此，平台建设应力图在不影响网站运行的情况下进行，对于每项整合的资源都明确标注其来源，使网络资源导航和发现合理合法地发挥作用。

7.3 农业网络信息资源整合的软件系统

随着农业网络信息资源日益开放分布的建设环境，很多的农业网络信息资源建设也开始采用开源软件。尤其在数字内容管理、数字资产保存等收集与利用方面，已有几十种软件系统，如 DSpace 系统、Fedora 系统、EPrints 系统、Greenstone 系统等。

Fedora 系统具有良好的扩展性，特别适用于管理多种类的、多级复合数字对象，支持元数据的互操作，但它没有提供良好的用户接口，一些应用需要二次开发。因此，Fedora 系统不适合用于农业网络信息资源整合。

Eprints 由英国南安普敦大学研发，在全球使用最多，分布最广，到目前已有 227 个机构采用该软件。软件使用的广泛性增强了系统的基本功能，使得 Eprints 能以相对较低的技术花费与较快的速度被注册运行，具有较大的灵活性，并能按机构的实际需求进行改进。eprints 知识库指有独立的网站构造和数据的知识库。一个 eprints 软件的注册安装可运行几个独立的知识库，共享源代码但各自构造不同。一个 eprint 对应系统内的一条记录，它由一些文档和元数据组成。通常，同一信息会有多种格式的文档存在。元数据分为两类：系统元数据字段，如 eprint 的 id 和存储用户的 id，是软件所必需的字段；存档元数据字段，如题名、作者和年份等，这些字段包含用户在浏览和检索知识库时所需的有用信息，这些元数据字段可在知识库建立时自定义建立。

Greenstone 系统是建立与分发数字图书馆馆藏的软件套件，它提供在互联网或 CD-ROM 上组织与出版信息的新途径。Greenstone 系统是一套用于创建、管理及发布数字资源的软件包，提供了一种组织信息并在互联网上发布它的新方法。其不足之处是：①信息资源在导入"Greenstone"系统中时，原有的数据格式要进行转换，转换后的格式要符合系统格式才能保存在系统中。②该系统未实现交互式的内容更新和管理，不具备查重功能。③元数据处理相对复杂，在运行收藏的批量处理时，系统服务运行会受到影响。因此，Greenstone 系统不适合用于农业网络信息资源整合。

DSpace 系统是由麻省理工学院图书馆和惠普实验室（休利特-帕卡德实验室）按照 BSD 开源协议开发的数字存储系统，具有安全性、稳定性、易用性、可维护性等优点。该系统有许多机构注册和使用，可以免费下载并依据许可进行复制、编写。该系统使用的第三方软件通常也是开源代码，可以运行于所有 UNIX 系统及 WinServer 2003 系统。

DSpace 数据的组织方式一般是按照采用机构本身的结构来组织。每个 DSpace 系统都被划分成一些社区，这些社区可对应于大学或其他研究机构内部的实验室、研究中心或院系，自 1.2 版本之后，可按照等级制度对这些社区进行组织排列。每个社区都包含有馆藏，馆藏是分组的相关目录，同一馆藏可出现于不同的社区。每一馆藏由款目组成，款目是知识库中的基本存档元素。每一款目只对应一个馆藏。款目可被进一步地划分为数据流包。数据流是由比特位所组成的普通计算机文件。每个数据流都有一个相关联的数据流格式。一个数据流格式是指向一个特定文件格式的唯一方式，是对按照这种格式所存材料进行解释的一种明确概念。每个数据流格式都附有一个支持级别，表明运行机构对某种格式的支持水平。DSpace 中定义有三个支持级别，即支持的、知道的、不支持的。款目从 DSpace 中移除的方式有两种：一是撤销，即款目仍被系统保存，但终端用户无法浏览其内容；二是清除，即系统不再保留所有与此款目相关的信息。

DSpace 定义有描述性元数据、管理元数据与结构元数据三种类型。每个款目都包含一个限定的 Dublin 核心描述性元数据，有关该款目的其他描述性元数据以序列化的数字流形式存在。管理元数据包括保存元数据、出处与认证政策数据，其大多存于 DSpace 关系数据库表中，其中保存元数据是存储在 Dublin 核心记录中。结构元数据包含的信息有如何将款目内的比特流展现给终端用户、如何展现款目内各要素之间的关系。DSpace 的用户必须通过身份验证才能行使提交、订阅或管理的功能。其用户可是师生，也可是计算机系统，因此 DSpace 把用户称作"E 人"。DSpace 系统的优势是提供了可视化的 Web 用户界面，包括一般用户和管理员界面。用户在提交数字资料和管理员进行审核管理时，可以通过目前常用的 Web 浏览器方便地查看。从系统实现上看，DSpace 是一个比较完整的数字内容管理系统，具备资源描述、资源录入、资源发布等主要功能。DSpace 的入门要求相对较低，技术水平要求相对较小，技术员针对普遍的应用一般不需要做二次开发。目前来看，应用 DSpace 整合区域的农业网络信息资源的研究并不多。高校在应用 DSpace 整合信息资源方面走在前列，如香港城市大学、台湾逢甲大学、南洋理工大学、厦门大学、上海交通大学、清华大学联合组建了 OAPS 门户网站，OAPS 联盟的各个成员都是应用 DSpace 来整合网络信息资源的。由于系统是按照开源协议开发的，这决定了用户可以免费使用，在政府资金投入比较紧张的情况下，从投入成本上保证了闽南农业网络信息资源平台实施构想的顺利进行。同时，DSpace 系统在不断地升级，保证了以后农业信息人员的维护相对简单，维护成本也相对较低。

7.4 基于 **DSpace** 的闽南农业网络信息资源整合平台方案设计

7.4.1 基于 DSpace 闽南农业网络信息资源整合平台的总体架构

闽南农业网络信息资源整合平台是一个基于 DSpace 的二次开发，所以它的系统组织类似于 DSpace 系统原型，分别是数据存储层、业务逻辑层、应用程序层，其中的每一层都包含多个组件。数据存储层主要是负责元数据和内容的物理存储，这些资源存储在 PostgreSQL 数据库；业务逻辑层在架构中处在关键位置，相对于不同的层，它可能是调用层或者被调用层，主要处理内容管理、用户管理、工作流程等；应用程序层包含系统平台和外部资源交互的各种组件，如多种途径导入导出科研资源，远程元数据的采集，以及利用 Web Service 和农业主题词表实现这个系统扩展检索模块和系统服务公告等应用程序。

7.4.2 基于 DSpace 闽南农业网络信息资源整合平台整体功能设计

闽南农业网络信息资源平台主要包括三个功能模块，分别是信息收集和提交模块、资源存档和管理模块、信息发布和服务模块，每个模块还包含不同的子模块。不同的模块具有独立性，模块之间松散耦合，有助于降低客户端和远程服务之间的依赖性，便于后期维护和二次开发。

信息收集和提交模块包括用户注册和登录、农业科研人员资料信息在线提交、批量导入基于标准格式的数据、远程系统元数据收割等，并完成信息包的构建并提交给资源存档和管理模块。

资源存档和管理模块是能够实现该系统平台的核心功能。子模块包括栏目数据管理、访问统计管理、元数据标准的编制、统一标识管理、支持文档格式的管理、用户/用户组信息和权限管理、工作流程管理等，其功能主要是构建并详细描述存档信息包。

信息展示和服务模块是真正展示平台存储功能模块，包括展示和共享系统资源、根据系统资源来提供相关服务和其他服务等多个子功能模块，如利用多种方式显示系统资源模块、一般检索和高级检索模块、用户订阅模块、远程系统收割接口模块等，还可以根据系统资源来提供特定的信息服务，包括平台的系统标识、平台访问量、当前登录用户信息模块，便捷搜索、农业技术模块、农业发展等模块（图 7 - 2）。

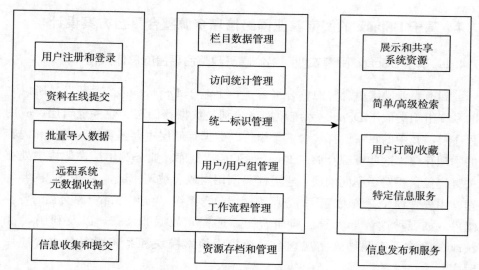

图 7 - 2　基于 DSpace 闽南农业网络信息资源整合平台功能设计

8 基于 DSpace 的闽南农业网络信息资源整合平台的架构实施构想

8.1 闽南农业网络信息资源的技术平台构建

8.1.1 安装平台原型

下载 DSpace 的源代码，解压缩；拷贝 PostgreSQL JDBC driver 到 DSpace 的源代码树下；确保 PostgreSQL 服务运行；连接服务器；运行 ant fresh_install；建立一个 administrator account；根据信息提示安装 DSpace UI (dspace. war) 和 OAI-PMH (dspace-oai. war)，启动 tomcat；浏览 http：// localhost：8080/dspace/，出现欢迎界面，访问 DSpace 原型。DSpace 原型首页如图 8-1 所示。

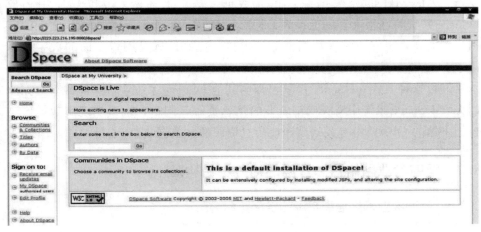

图 8-1 DSpace 原型首页

8.1.2 设置与激活 DSpace 中 OAI-PMH

DSpace 系统之间的资源整合是通过 OAI-PMH （Open Archive Initiative for Protocol Metadata Harvesting，元数据收割协议）来进行的，它能够实现

不同 DSpace 系统之间的元数据互操作和资源的整合。

在建设闽南农业网络信息资源数据库时，使用 DSpace 内置的数据提供者和服务提供者功能，可以通过 OAI 协议收割相关元数据资源到平台。这是一个容易被接受的解决方案，特别是对于初次接触新事物的农户和科研人员。在测试完成后，正式运行时，通过收割其他农业开放存储数据资源或分享给其他系统收割，可以扩大农业网络资源平台的影响并实现系统的重要步骤。

8.1.3 应用 OAI-PMH 整合 DSpace 系统之间的农业网络信息资源

DSpace 通过 OAICat 作为 OAI-PMH 的数据提供者向外提供 DC 元数据资源，但是 DSpace 没有提供服务提供者的实现。所以要在 DSpace 系统之间实现基于 OAI-PMH 的资源整合及互操作，就需要在 DSpace 中加入 Harvest 模块。Harvest 模块可用于收割其他 DSpace 系统提供的元数据资源到本地的 DSpace 系统中。OCLC 提供开源软件 OAIHarvester 2.0 作为 DSpace 系统的数据采集模块，是实现多个 DSpace 系统之间共享数据有效的解决方案。OAIHarvester 可以从 OAICat 获得元数据资源，这将确保 OAIHarvester 的 DSpace 之间可以共享数据集成系统资源。不仅如此，OAIHarvester 还可以从支持 OAI-PMH 的元数据源获得元数据。基于上述两个优势，使用集成 DSpace 系统将在很大程度上扩大 DSpace 内部资源，加强元数据组织之间的数据资源共享，更好地实现数据资源的保护，更好地满足用户全面的数字资源需求。

通过这种方式，DSpace 系统可以与其他 DSpace 系统实现资源共享，如厦门大学 DSpace 系统中有关闽南农业的信息资源，同时，也可实现闽南地区高校图书馆的 OPAC 中有关闽南农业信息资源的元数据收割。

8.2 闽南农业网络信息资源的信息平台构建

8.2.1 闽南农业网络信息资源的链接整合

DSpace 是支持 OpenURL（开放链接）协议的，这就为 DSpace 与其他多资源的管理平台的链接整合和跨库检索提供了条件，典型的实例就是 DSpace 与 MetaLib/SFX 这类的多种资源类型的管理平台及 Google Scholar 学术搜索引擎之间的互通。DSpace 支持 OpenURL 协议，并且提供链接到 SFX 系统的功能，可以通过 OpenURL 链接到本机构的 SFX 系统，从而为用户提供更好的服务。DSpace 也能够实现与 Google Scholar 学术搜索引擎有效的整合和集成，这也将大大地提升农业相关资源的可获取性和全面性。Google Scholar 作为一个多类型、多学科的资源整合平台，其收录的农业信息资源也比较全面。整合平台能够将用户需要查找的该项数据的相关资源呈现出来，并基本按照相关度排序，在一定程度上方便了农户、农业科研人员等的检索。

通过链接整合，可以整合闽南地区的高校、农业科研单位的农业网络信息资源，如闽南师范大学的闽台生态农业库，也可以整合厦门三农网、厦门农业科研与推广网等有关闽南农业的信息资源等。

8.2.2　推动闽南农业网络信息资源的跨库整合

平台与其他系统之间的跨库整合采取基于 Web Services 的技术解决方案的原因有两个：一是，一般情况下，Web Services 可以解决分布、异构环境的系统整合和数据交换；二是，Web Services 使用 XML 进行系统间数据交换，异构平台之间交换数据采用的是将数据标准化、结构化的方式。因此，DSpace 系统在封装、发布信息时，选择 Web Services 技术是一个很好的方法。目前 SRW 是一个基于 Web Services 的信息检索协议，提供了 2 种访问机制，定义了一个一般的、抽象的模型，各个系统可以将其具体实现映射到这个抽象模型上，实现了不同的网络资源、分布式数据库的整合检索功能。SRW 的设计是基于 Z39.50 信息通信协议标准的，同时使用现在已广泛应用的技术（如 SOAP、XPath 等）。SRW 是使用模块化的集成方式。此外，其设计理念是把信息检索看作各种查询检索服务的整合。

通过跨库整合，可以实现平台与中国期刊网、维普等数据库中有关闽南农业信息资源的批量导入，在有导入权限的前提下，也可以实现与厦漳泉农业信息网等的整合。

8.3　闽南农业网络信息资源功能平台架构

8.3.1　优化平台首页指南，便捷利用农业网络信息资源搜索

农业网络信息资源平台首页的使用率是最高的，因此应该优化平台首页指南，为农户、农业科研工作者提供便捷的农业网络信息资源搜索。DSpace 系统原型里首页包括多个初始页面，为了反映闽南农业网络信息资源平台的特点，更好地展示资源和数据，同时提供给用户友好的界面，主要从以下几个方

面对首页进行调整：一是调整 header-default.jsp 为上下两部分，上面部分包含平台系统标识、平台中英文名、平台访问量、当前登录用户信息等。二是用农业信息人员、农户等经常采用的登录模块替换原系统中导航页面 navbar.jsp 的快速检索栏。三是将原系统自带 home.jsp 的三部分内容，即顶端新闻、快速检索、社区浏览调整为便捷搜索、农业技术模块、农业发展模块。在右侧边栏中添加用户最新提交、服务公告功能模块。依据信息分类标准和闽南地方农业特色，农业技术模块主要包括种植天地、果木花卉、食品加工、林木技术等内容；农业发展模块主要包括农民培训、文化风俗、休闲农业、新农村等内容（图 8 - 2）。

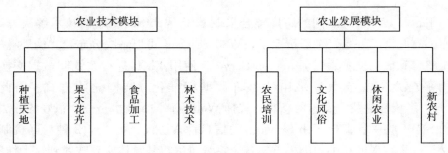

图 8 - 2　农业技术和农业发展模块栏目设置

平台在内容设计上除了理论方面的农业信息资源外，还包括面向农户的实用信息，以帮助农户解决实际问题。整合闽南地区的特色农业数据有助于满足广大农户、农业企业、农业科研单位对信息资源的需求，是实现农户增收，增强特色农产品竞争力的保证。

8.3.2　实现用户上传下载排行，鼓励农业科研用户积极发布相关资讯

为了鼓励用户积极上传资源，平台主页提供各种资源上传和下载的排名，包括文档作者上传、下载排行和各文档的下载排名。平台管理者也可以按照排名提供某种形式的奖励方式。目前农业信息资源大部分是简单收集和发布，缺乏深加工的高质量信息资源，这种激励效应有助于解决这个问题。访问下载统计功能是 DSpace 系统自带的一项功能，通过一系列的数据分析，可以显示用户访问的数量、IP 地址的月度统计数据，也可以统计每个条目访问、下载的数量。初始安装的 DSpace 系统没有激活这部分的功能，平台可以通过一系列的参数配置激活这个功能，详细步骤略。

8.4　闽南农业网络信息资源平台的维护

如果农业部门提供资金支持，那么平台的日常维护可以聘请专业信息人员来完成；如果平台建设在高校中，出于成本考虑，那么平台的日常维护就可以交给学生来完成。日常维护人员确定以后，必须进行培训。培训包括两个方面：一方面是平台的技术维护培训，包括平台操作技巧、信息处理流程等培训；另一方面是平台的信息维护培训，主要是指农业信息维护的培训。

信息的日常维护包括：要保证信息的及时更新，要保证信息的准确，这需要对信息进行审核，如果发现信息存在问题，则要及时解决；要保证平台的数据安全，可以安装软件防火墙，也可以直接采用硬件防火墙来保证服务器安全。

9 闽南农业网络信息资源整合功能保障体系构建和政策支持、法律保障

9.1 闽南农业网络信息资源整合的功能保障体系构建

闽南农业网络信息资源整合对"三农"问题支持的机制与渠道、方式，主要体现在以下具体措施。

9.1.1 加强法律和制度建设，按照市场运行机制运作

农业网络信息资源整合工作涉及农业和农村工作的方方面面，要依照法律规范农业信息服务、信息网络建设，加快闽南农业网络信息资源整合工作的开展。各部门制定的管理办法是现行法律法规的有益补充，可以进一步地明确各机构的具体职责，提供给农户更优质的信息服务。政策应该依照市场运行机制制定，强化市场机制在规范农业网络信息资源整合工作中的作用。

9.1.2 加快农民专业合作社的信息化发展

该计划主要致力于促进合作社信息化建设和农业信息技术应用，包括完善信息化基础设施、扩大合作领域、升级信息资源服务系统等。重点关注农产品质量安全可追溯系统、农产品电子商务等方面，通过规范化和标准化建设，提高市县乡试点和示范项目的信息化水平，推动示范合作社和农业产业化龙头企业的信息化发展。

9.1.3 统一规划，加强网络信息资源的采集和整合，发展智慧农业

依据金农工程的统一规划，结合本区域实际情况，合理规划农业网络信息资源（如林业、气象、水利等部门的信息、技术资源）采集和整合，发挥农业各部门的资源优势，同时，可以考虑建立一套信息资源共享的制度。农业网络信息资源的整合要求建立一套信息采集和整合的标准，以提高信息资源的质量，保障农民和农业科研工作者能够获取相当数量且高质量的信息。智慧农业

就是通过将互联网、物联网、大数据、云计算、人工智能、"5S"等现代信息技术与农业进行深度融合，形成农业信息感知、定量决策、智能控制、精准投入、个性化服务的全新农业生产方式，实现农业可视化、远程诊断、精准感知、灾变预警等智能化管理，推动农业产业的数字化、智能化、集约化、生态化，是农业信息化发展从数字化到网络化再到智能化的高级阶段。智慧农业不是互联网技术与移动信息技术在农业产业中的单一应用，而是将农业作为一个中心系统，通过"互联网＋农业企业"与"互联网＋农业产业"，依靠农业大数据、云计算以及物联网共同组成一个完整的智慧农业产业链，推动现代信息技术与农业生产全过程的结合，形成一种新的发展体系和模式。这样不仅可以通过对科学技术的综合运用，有效连接农业生产的各个环节，实现农业智能化控制，而且能够构建起基于数字化的新型农业生态，彻底转变农业生产者、消费者观念。智慧农业的提出和发展，为信息技术在农业领域的综合集成应用、农业产业转型升级、农业发展模式的创新、核心技术的自主研发，以及专业技术人才培养均创造了难得的机遇。

9.1.4　建立农业科研单位与农业企业的长期合作机制

加强农业企业与福建农林大学、闽南师范大学、福建省农业科学院等高校和科研单位的联系，提高农业科研成果的转化率。加强农业科研单位与农业企业的联系，有利于科学研究和农业产业发展的对接，为农业产业化发展和农业网络信息资源建设及整合提供保障条件和智力支持。建立农业科研单位和农业企业的长期合作机制，鼓励科研院所、高等学校与企业合作，加快推进企业与优势科研单位建立农业网络信息资源平台，使科研成果尽快变为生产力并产业化。解决企业品种创新能力弱、商业化育种机制尚未形成、玉米优质高产品种大面积推广力度不够、新品种选育处于低水平重复状态的局面，使企业在应用成果的同时，既能服务广大农民、服务社会，在扩大运行效果时自身又能达到快速发展，多年来科企双方都在积极寻求最佳合作模式。早在 2014 年农业部、科技部、财政部实施种业科研成果权益改革试点，其核心正是通过改革调动科研人员的工作积极性，解决科研和生产"两张皮"、成果转化"肠梗阻"、企业科研"能力弱"等问题。李克强总理 2015 年 7 月出席国家科技战略座谈会时强调，为打通科技成果转化"最后一公里"，"要让科技人员合理合法富起来"，为加快实施创新驱动发展战略，激发科研人员创新创业积极性，在全社会营造尊重劳动、尊重知识、尊重人才、尊重创造的氛围。2016 年 11 月中共中央办公厅、国务院办公厅印发了《关于实行以增加知识价值为导向分配政策的若干意见》。2015 年 10 月 1 日起施行的"成果转化法"以及 2016 年 5 月 1 日国务院办公厅印发《关于深入推行科技特派员制度的若干意见》等，都为科企合作指明了方向。一系列政策法规，旨在深化改革的基础上，深入实施创新驱动发展战略，为农业科研单位和企业合作奠定法律依据。

9.1.5　充分利用网络的宣传优势

随着电子设备如计算机、智能手机、平板电脑等的日益普及，农业部门可以联合中国移动、中国联通、中国电信等公司及广播电视部门，通过网络（宽带网络、广播电视网络、无线通信网络）向用户推送高质量农业信息资源，如农业新闻、农业科技信息、农产品供求信息、农业合作信息等。针对本区域农业特色，积极筹备农业频道，利用广电网络传递农业农村节目信息。

9.2　闽南农业网络信息资源整合的政策支持、法律保障

9.2.1　加强闽南农业网络信息资源整合的宏观管理

随着农业科技的日新月异，闽南农业产业化持续、高速发展，农业信息化建设和农业网络信息资源整合也遇到了前所未有的发展良机。农业市场经济的快速发展推动了农业网络信息资源的整合，而农业网络信息资源的整合同样带动了农业及其他相关领域持续健康发展，因此农业部门和各级农业科研机构应当充分认识到农业网络信息资源整合对农业信息化的巨大作用。加强闽南农业网络信息资源整合的宏观管理可从以下两个方面入手：一是农业主管部门应发布一系列农业网络信息资源整合的统一标准和规范，并统一指挥、统一规划。农业网络信息资源整合急需制定相应的法律法规，来明确信息的采集、加工、存储、传递、检索等过程中各主体的法律地位，尤其是在信息公开与共享方面。在缺乏全国性的统一的农业信息资源整合的法律制度的情况下，闽南可以根据本地区的实际情况，制定相应的规章制度及地方法律法规，以确保农业网络信息资源整合过程中各主体的权利和义务。同时，还要非常重视在农业网络信息资源整合过程中可能会涉及的信息资源的版权问题。二是对于农村信息基础设施还比较薄弱的地区，政府应适当增加投资，并配合基层相关部门，实现互联网覆盖每个乡村，达到各种农业信息及时传递给农民和农业科研人员、管理人员。各级农业部门在开发和利用农业网络信息资源时，应该在做出宏观决

策之前，做好农业发展和农业生产实际情况的调查，并协调好与农业部门的关系。农业网络信息资源整合要规范化、制度化，应该精简机构，减少信息资源浪费现象和网站资源重复性建设等问题。

9.2.2 加快闽南农业信息网络的建设，加大网络基础设备投入

农业信息资源的网络是信息资源建设和整合的重要条件，是农业网络信息资源整合工作发展不可或缺的条件。没有农业信息资源的网络，几乎无法实现农业信息化建设和农业网络信息资源整合。因此必须建立和完善农业信息的非计算机网络和计算机网络。对闽南地区，农业非计算机网络可以分为市、县、乡三级。这三级网络通过各级网络的横向和纵向联系，共享农业、林业、畜牧业、渔业、农业机械、农业能源、环保、气象等不同部门的相关农业信息，即在相关农业领域建立广泛的资源共享机制，并通过农业信息的采集、处理、整合、预测和发布等来更好地为农业生产、经营、管理及农业科学研究服务。计算机网络利用互联网加强城市间的交流与合作，在互惠互利的基础上，实现农业网络信息资源共享，形成农业、林业、畜牧业的多学科、多专业的共享整合的现代化农业信息网络体系。在建设闽南农业网络信息资源的计算机网络时，应遵循积极、稳妥的发展政策和开放、务实的发展战略，应当从闽南的实际情况出发，充分利用已有的条件，逐步展开。

9.2.3 加快闽南农业网络信息资源整合标准化的制定

自改革开放以来，我国已发布了一系列的信息资源编目工作标准，农业文献、农业网络资源的标准化建设也取得了一定成绩。然而，现有的农业网络信息资源建设的管理由不同的单位负责，缺少一个有效的整体协调管理机制，同时农业网络信息资源整合也缺乏统一的标准。因此，农业部门、农业教育部门、农业科研系统等纷纷选择各自的网络信息资源整合标准，各部门和单位使用各自的信息系统进行信息收集和资源开发，采用的标准不统一，导致资源采集和系统重复建设等问题，以及大量的数据库和电子出版物资源格式不能相互转换。各个农业网络信息资源平台的用户查询、检索方式和资源管理等方面都存在差异、不兼容。

在农业网络信息资源整合标准制定的前提下，才能够完成农业网络信息资源的整合和共享。因此，闽南可以在农业信息资源整合的过程中，根据一些领域缺乏国家性统一标准的实际情况，参考国内外较成熟的信息编目标准，建立

地区性网络信息资源的相关标准。做好上述工作，在一定程度上可以降低农业网络信息资源整合的成本。

9.2.4 加强闽南农业网络信息资源中的人力资源建设

在闽南农业网络信息资源的整合中，要认识到人力资源的重要性，尤其要认识到人力资源质量的重要性。农业信息资源服务属于知识密集型服务业，它涉及各种农业技术、市场行情、政策法规等方面的信息，需要高度专业化和知识化的人才来进行收集、整理和分析，从而提供有价值的农业信息资源服务。与传统的农业生产相比，农业信息资源服务具有更高的附加值和创新性，对于提升农民的生产效益和经济收入具有重要作用。应该尤其关注人力资源中有较高的信息化能力和素质的人才。农业信息人员在理论方面应该具备一定的农业信息预测能力，对农业信息具备一定的洞察力和农业发展方向的判断力，这样才能及时了解闽南农业政策的侧重点，才能预判区域农业经济和农业市场发展的动向；农业信息人员在知识素质方面，应该学习和能够运用农业科学、信息学、计算机科学、经济学等方面的知识。培养理论和知识素质合格的农业信息人员，才能够促进农业网络信息资源整合持续向前发展。同其他工作人员的培训比较，农业信息人员要求具备多种技能，因此针对信息人员的培训内容及机制也应该有所不同。

在农业网络信息资源整合的过程中，农业信息开发和整合人员应该具备对农业信息的宏观微观决策能力和组织能力，他们应该有农业经济、信息管理和计算机科学的相关知识，综合素质水平高。此外，农业信息开发和整合的人员还应该掌握一定的外语知识，能够积极地借鉴国外信息发展动态和先进的软件开发技术；掌握一定的农业专业技术知识，能够利用现代信息技术收集、筛选、分析、重组农业网络信息资源，特别是要加强农业信息技术的实践能力。信息开发和整合的人员要主动参加农业信息技术的培训，尤其重视学习计算机信息技术、网络技术、通信技术、多媒体技术等。农业网络信息资源整合工作涉及的知识和技术广泛，这些人员应该参加职业资格考试。目前国家还没有制定相关职业技能标准或任职资格标准，闽南可以制定本区域的相关职业技能标准和任职资格标准，对他们的技能水平进行科学规范的评价和鉴定，对合格者授予相应的职业资格证书，并规定相关人员在取得职业资格证书后才可以担任相应的职务。

9.2.5　应用现代信息技术实现闽南农业网络信息资源整合

在现代信息技术的推动下，农业网络信息资源整合主要分为 3 个阶段，即面向数据资源的整合阶段、面向交流过程的整合阶段、面向用户的整合阶段。从技术层面来看，要实现面向用户的整合和满足用户个性化需求需要应用现代信息技术，如数据库技术、人工智能技术、数据挖掘技术、异构网络信息资源整合技术。随着现代信息技术的快速发展，农业信息资源的一站式查询服务成为现实，农户和农业科研人员通过一个统一的集成检索接口，就可以获取多个异构数据库的数据资源。在这个过程中，对于用户而言，获得的农业信息资源具体来自哪个数据库不重要，能否在最短时间检索到所需要的农业信息资源最重要。

在农业网络信息资源的整合过程中应该充分利用信息资源的整合技术，处理好数据转化问题，包括同平台不同数据格式的转化和异平台同格式的数据转化，进而实现农业网络信息资源的整合等。整合技术包括：①XML。作为一种结构性的标记语言，XML 是标准通用标记语言（SGML）的子集，非常适合 Web 传输并且与系统平台无关。XML 使不同平台的信息交流成为可能，也有可能成为新的交换数据和文档标准。②Web service。Web service 技术使运行在不同机器上的不同应用不需要借助附加的、专门的第三方软件或硬件，就可以实现相互交换数据或信息资源集成。该技术具有强大的灵活性和交互性，可以使网络信息资源不再封闭而变得可以相互沟通。

9.3　加快闽南农业网络信息资源开发利用的对策

1. 转变观念，重视农业网络信息资源的研究开发

目前，对信息资源开发和利用的水平已成为衡量一个国家综合国力的重要指标之一。所以，我们要转变观念，不仅要注重硬件的建设，更要注重软件的配备。当前，围绕信息资源的竞争将成为知识竞争的焦点，如果我们没有自主知识产权的、高质量的信息产品，我们将在未来的知识竞争中处于极其被动的地位。

2. 制定有关农业网络信息资源开发的政策法规，建立良好的信息环境

随着信息交流范围的扩大，信息活动中出现了一系列新的问题，如信息安全、信息保密、信息犯罪和信息污染等，这些问题严重影响着信息资源的有效开发和合理利用，因此，不能单凭技术手段来解决，必须辅之以政府的管理和法规的约束来共同创造一个开发和利用信息资源的良好环境。同时，政府还应当加强对网络信息资源开发的宏观调控，以用户需求为导向，对公益性的信息服务要给予优惠，扩大对商业用户的服务范围，以实际的行动来促进网络信息资源的发展。此外，我们应根据《中华人民共和国国民经济和社会发展第十四个五年规划和 2035 年远景目标纲要》精神，基本实现新型工业化、信息化、城镇化、农业现代化，建成现代化经济体系。聚焦提高要素配置效率，推动供应链金融、信息数据、人力资源等服务创新发展。培育壮大人工智能、大数据、区块链、云计算、网络安全等新兴数字产业，提升通信设备、核心电子元器件、关键软件等产业水平。加快推进数字乡村建设，构建面向农业农村的综合信息服务体系，建立涉农信息普惠服务机制，推动乡村管理服务数字化。健全国家网络安全法律法规和制度标准，加强重要领域数据资源、重要网络和信息系统安全保障。建立健全关键信息基础设施保护体系，提升安全防护和维护政治安全能力。

3. 打造农业网络信息精品，加快网络数据库和数字图书馆的建设

相关统计数据分析表明，我国信息资源分布分散，数据库建设落后。如果单纯采取集中的模式是不利于数据库产业发展的。原因之一是单纯采取集中模式，全部由国家投资建设数据库，国家负担过重，某些迫切需要的数据库可能因为资金投入问题而停建、缓建，不能满足经济与科技发展的需要；原因之二是此模式不符合社会主义市场经济发展的规律，必然会给数据库产业发展带来多种阻碍。同样，如果单纯地采用分散模式，也不利于我国数据库产业的发展。因此，我国可以在"统筹规划、国家主导、统一标准、联合建设、互通互联、资源共享"的 24 字方针指导下，采取集中与分散相结合的发展模式。所谓的集中与分散相结合，是指在宏观上统一指导、统筹管理、集中力量建设较大规模的数据库，实施全面发展、重点发展与优先发展相结合的战略，统一标准和制定法规等；在微观上允许各部门、集体与个人根据社会需求，灵活运用多种投资经营方式和促销手段，开发商品化数据库。具体可做到以下几点。

（1）集中发展国家或地方（如闽南）较大规模的数据库

一些公共性基础数据库、文献数据库和科学数据库等是国家和地方的重要数据库。这种数据库规模较大，需要初期投资和继续投资，一般建设周期较长。虽然目前我国信息市场对这种数据库的需求量还不是太大，但是，它们有的具有很大的潜在商用价值，有的具有很高的研究价值，因此，这种数据库不能不建，也不可能等到需要时再建。这种数据库应为国家总体信息产业发展的基础投资，以政府扶植为主，进行有计划、有组织的发展。除此之外，这种数据库的建设应由信息市场的实际需求来调节，通过市场机制的运行，运用各种市场竞争的手段来发展各类实用数据库，不能由政府一手包办。根据我国目前经济发展的实际水平，在相当一段时间内，与市场有关的经济信息、面向中小企业的技术信息及与人民生活有关的社会信息等，将在我国信息市场中占主要地位。我们必须用经济手段刺激各类信息系统和情报网络及各种形式的信息咨询公司，根据实际需要，积极主动发展能满足当前和未来信息市场需求的实用数据库，并在实际发展中择优扶植，同时在价格、税收、贷款等方面采取放宽和鼓励政策，以利于初期发展。通过国家立法，制定全国规划、政策及奖励制度，以无息、低息贷款等方式，向建库单位提供支持和资助，并进行宏观调控，最终将我国数据库产业由国家行政事业逐步发展为按价值规律调节的产业。

（2）全面发展、重点发展与优先发展相结合

在发展数据库产业的过程中，我们必须采取全面发展与重点发展相结合的模式，在注重全面发展的基础上，有重点地发展我国数据库产业。在理论研究与开发建设之间，在就如何发展数据库产业形成一种理论探讨热潮的同时，要更加注重数据库的开发与建设，把理论探讨的成果转化为现实的生产力，而不是拘泥于几个名词的解释。在地区发展方面，在促进全国数据库产业普遍发展的基础上，可优先发展发达地区的数据库。例如，在北京、上海等经济较发达、信息资源较丰富的地区建立若干个数据库产业基地，采用委托、合作、招标等形式，以标准化、结构化和规模化为目标，开发数据库产品，培植数据库品牌，形成规模，带动全国数据库产业的快速发展。同时，为了顺应我国西部大开发、振兴东北和中部崛起的发展战略，积极发展这些地区的数据库产业也极为重要。各个地区、各个省的内部也可根据各自的优势，建设有地方特色的数据库，如闽南农业网络信息资源整合平台。在坚持全面发展与重点发展策略的同时，还应采取优先发展的策略，即对于信息市场需求量大或者当前迫切需要建设的数据库，要优先发展。

（3）提高数据库建设的质量，满足地方（如闽南）网络信息资源的需求

尽管目前我国已建成中国期刊全文数据库、万方数字化期刊等全文数字资源，但在收录期刊的质量、出版与更新周期、制作水平和检索技术等方面，都还不尽如人意。因此，我们必须提高数据库建设的质量，特别是大型数据库建设的质量。首先，要严格控制全文数据库所收录源文献的数量，坚持以质取胜，突出一个"精"字，不要单纯追求收录期刊的数量，不能以"收全"为满

足，而将那些高质量的学术期刊湮没在数量庞大的低层次、低水平的刊物中。其次，对公认的高质量的学术期刊，如核心期刊、权威期刊，要尽量收齐，突出一个"全"字。当然，我们也要适当收录一些质量较高、学术性较强的一般学术期刊，以保证数据库收录数据的完整性。最后，要切实提高数据更新的速度。及时、快捷是网络信息资源的一个重要特点，只有体现这一特点，才能发挥其优势。

（4）统一标准和规范

规范数据库建设的标准是数据库高集成度的重要保障之一。只有标准化的数据库才具有真正的活力，它不仅保证了可靠性、系统性、完整性、兼容性、及时性，而且有利于实现真正意义上的信息共享。对于数据库生产者，如果采用相同的标准，就不必额外开发软件来实现与其他相同数据库之间的转换，可以集中精力建设有特色的数据库。对于用户来说，在检索不同系统的数据库时，由于数据库采用了相同的标准，可以很快地熟悉新系统，节约了检索的时间和费用，提高了检索效率。此外，数据库的标准化还可以有效地防止某些大型数据库企业凭借其资金和技术优势来垄断数据库建设，有利于数据库产业的蓬勃发展。

（5）大力开发用户迫切需要、适销对路的数据库产品

数据库生产者要使自己的产品有市场，能带来很好的经济效益，就必须了解市场行情，选择用户迫切需要、适销对路的数据库作为开发研究和建设的对象。同时，数据库生产者还应了解用户的潜在需求，引导用户的消费方向，这是数据库产品的生命力所在。而实际上，我国在建设数据库时通常对这些重视不够，把握不准。由于种种原因，一些数据库没有进行必要的市场调研和可行性分析就仓促上马，结果数据库建成以后访问率极低，有的数据库只能作为成果展览使用，个别数据库甚至中途就被迫停建，浪费了大量的人力、物力、财力。因此，我们应重视数据库建设前的调研工作，对相应的用户群做出切实可行的论证分析，摸清市场需求，选准欲开发的产品。例如，如果所建的数据库的目标是要打入国际市场，则要着重考察国际科技界对这方面的信息的关注情况和需求程度，以及产品将带来多大的经济效益或国际影响。研建的数据库产品一要选准，适销对路；二要注重市场促销。这两点是我国数据库建设实现商品化的瓶颈。许多数据库产品之所以不能带来现实的经济效益，真正的症结就在于此。做好这两点工作，能够加快我国数据库的商品化进程，增强数据库产品的竞争力，真正做到以库养库。

10 农业网络信息资源相关案例摘编

10.1 云南省"数字乡村"工程建设

实施"数字乡村"工程，是云南省委、省政府根据"三农"工作新形势做出的一项重大战略举措，是"数字云南"的建设内容之一，其主要目标是通过完善农村信息基础设施，重点加强乡村信息基础设施建设，更新完善省、州（市）、县（市、区）相应设备，健全工作机制，加强培训等措施，以云南数据乡村网、云南省新农村建设信息网为依托，以乡镇为网站维护基点，逐级链接汇总，形成一个覆盖全省共 16 州市、129 个县、约 1 366 个乡镇、1.34 万个村委会、13.57 万个自然村的采集、分析、预测、发布等功能于一体的农业和农村信息网络服务平台。通过平台实现以文字、数据、图片等方式全面展示和反映全省各地以自然村为起点和建设重点的农村基本情况，及时为各级领导、各部门和农民提供信息服务，促进农业和农村全面发展。

10.1.1 "数字乡村"系统总体框架

"数字乡村"系统采用微软系列企业级技术解决方案软件支撑平台为平台与开发工具。其中，"数字乡村"系统采用 SharePoint Server 2007 为 16 万多个门户网站群集中提供信息检索、在线知识库、分级授权管理等服务，采用 SQL Server 2008 作为超过 10Tb 的数据存储管理分析服务平台。"数字乡村"系统构建方案针对云南省"数字乡村"信息网络平台的应用特点，提出了采用多个 PC 级服务器，按职能特性划分为不同的服务器集合，并结合群集技术、负载均衡技术、门户技术的总体技术路线，以保证整体服务的高性能和高扩展性。

框架构成单元描述：硬件与网络平台，由性价比较高的 PC 级服务器集群、硬件防火墙、网络连接设备、数据存储设备、宽带网络环境等构成，为系统运行提供高效、稳定、安全的运行支撑；系统支撑层，由 32 位和 64 位操作系统平台、Web 服务平台、目录服务体系、数据库管理系统等构成，主要为系统提供可扩展、便于管理与海量数据存储的运行环境；数据层，基于数据库管理系统对涉农信息进行存储与管理，提供应用支持；应用支撑层，由统一门户服务平台、数据交换共享平台、数据报表提交工具、安全认证平台、二次开发工具、工作流引擎、数据分析引擎、流媒体服务软件平台等构成，为系统业务逻辑开发提供支撑；业务逻辑实现层，根据"数字乡村"的具体业务需求，在应用支撑层所提供的开发、配置功能上，进行快速业务逻辑构建与业务逻辑变更；统一服务门户平台，提供用户统一接入门户，可扩展与集成多种相关应用，所有的用户通过门户平台接入，访问符合其权限的信息及有关的功能操作，并提供对所有站点、信息资源的快速搜索和定位；安全与运维管理体系，在硬件安全防护体系之上，通过系统软件配置，提供进一步的安全防护，通过多层体系的协同，提高系统的安全防护级别。同时，通过服务器性能监控、统一的目录管理、补丁分发管理、远程协助控制等功能提供统一的运维管理体系；建设标准与管理规范，制定统一的标准与规范，为系统的建设、扩展、稳定运行提供保障。

用户角色划分描述：政府部门，系统最重要的客户群，根据用户的级别，获取相应的信息，可进一步细化为省领导、厅级领导、省级主要业务领导、市级领导、市局级领导、市级主要业务领导、县级领导、县局级领导、县级主要业务领导、系统管理员等；信息员，提交区域信息，维护本级门户系统；农民，系统的最大获益者，通过本系统获取最新的农业政策与涉农服务；农业组织，由农民组成的农业组织，应用本系统，发布与获取农产品市场信息，学习与传播农业科技；涉农企业，了解全省各地农村的基本情况，发布与获取涉农相关信息；公众，最庞大的用户群，搜索与查看可公开信息。

1. 云南省"数字乡村"信息网络中心

云南省"数字乡村"信息网络中心是"数字乡村"工程的系统核心，集中存放系统所有数据。

云南省"数字乡村"信息网络中心纵向连接 16 个州（市）、129 个县（区、市）及 1 366 个乡镇信息服务站。

云南省"数字乡村"信息网络中心横向连接云南省政府、各个涉农厅局，实现各部门的农业信息资源共享；完成农村基本情况、农村综合经济、农业技术、农业专家、农业企业、农民专业合作组织等方面的数据库及相关应用管理系统的开发，根据用户权限提供数据采集、报表统计、汇总分析、图表生成等功能；提供领导决策支撑模型；满足各级广大干部和农民群众对信息需求的服务。

开发设计网站建站管理系统供各级用户使用，用户能够根据需求生成网站及相应的后台管理系统，提供模板管理功能。建立的各个网站具有独立的数据库系统及后台管理系统；网站能根据用户需求订制栏目。网站后台管理系统实现用户权限管理，栏目动态管理、生成静态网页，操作日志管理，稿件管理，信息按流程发布、审核、逐级报送、发布情况统计等功能。

2. "数字乡村"州（市）应用和管理平台

"数字乡村"州（市）应用和管理平台纵向汇总本州（市）各县（市、区）"数字乡村"相关信息；横向连接并汇总州（市）政府各涉农部门的相关信息，实现本州（市）各部门的农业信息资源共享，同时将本地"数字乡村"相关信息汇总到云南省"数字乡村"信息网络中心，为本州（市）党委政府、相关各部门及广大干部、农民提供本地和全省的农村信息服务。

3. "数字乡村"县级应用和管理平台

"数字乡村"县级应用和管理平台汇总本地各乡镇信息，同时将本地"数字乡村"相关信息汇总到州（市）平台，为本级党委政府、相关各部门及广大干部、农民提供本地全面的农村信息服务。

4. "数字乡村"乡镇级应用和管理平台

"数字乡村"乡镇级应用和管理平台统计、汇总本辖区各村委会、自然村"三农"信息为本级党委政府、相关各部门及广大干部、农民提供本地全面的农村信息服务。

10.1.2　"数字乡村"工程效益分析

"数字乡村"工程的实施迅速增强了政府对农业的决策、监督管理和信息服务引导能力，带动云南省农业走上信息化的道路，对于农业增效、农民增收，现代农业和社会主义新农村建设都起到了极大的促进作用。"数字乡村"工程带来了巨大的社会效益和可观的经济效益，且社会效益远大于经济效益。

1. 为领导提供决策支持服务

"数字乡村"工程的实施可以及时反映全省各地"三农"动态，通过系统对数据的处理与分析，其结果为领导掌握农业和农村经济发展情况，研究制定发展对策提供参考，为各级党委政府进行宏观调控、引导农村产业结构调整提供了可靠的决策依据。

2. 整合信息资源，实现信息共享

"数字乡村"工程的实施，横向建立起覆盖涉农部门的信息交换网络，纵向建立起覆盖省、州（市）、县（市、区）、乡（镇、街道）的信息服务体系，充分整合涉农信息资源，实现信息共享，全方位、多层次、多渠道面向农村开展信息服务。

3. 缩小城乡"数字鸿沟"，促进社会主义新农村建设

"数字乡村"工程的实施，促使信息网络在农村不断延伸，不仅使广大农民成为直接的受益者，还使农业现代化步入更高发展阶段，缩小了城乡"数字鸿沟"，对全面建成小康社会和社会主义新农村建设产生了巨大的作用。

4. 改善农村信息服务状况

"数字乡村"工程的实施能够有力地收集、分析农村的现实情况，分析结果可帮助各级政府进行准确、及时的决策，加速新农村建设的步伐，使农民获得更贴切、及时的政策扶持，促进当地农民的增收。涉农企业通过开放的平台可以获取农村的第一手资料，可根据这些信息准确定位产品、服务的用户群，将农民所需的生产资料与技术及时地推送到农村。农民通过开放的平台可以广泛地获取农产品、特色产业的分布情况，将信息与企业活动相结合，延长产品的生命周期，缩短流通渠道的长度，使企业与农户双收益、双丰盈。政府通过开放的平台可以及时了解灾情、疫情等灾害的发生情况、覆盖人群数量等，缩短应对时间、缩小影响范围，有效地减轻本区域灾害程度与地方损失，有效减少农民的财产损失。

综上所述，"数字乡村"平台的建设为政府、企业了解农村建立了有效的途径，通过信息获取与有针对性的非商业和商业活动可为农民创造直接与间接的经济效益。

5. 有效促进农产品流通，增加经济效益

"数字乡村"工程搭建的农产品信息交流平台，为农产品流通和农民生产生活资料供应提供服务。这对正确引导生产经营、促进农产品流通和增加农民收入具有重要的现实意义。

10.2 金农工程

金农工程是 1994 年 2 月在国家经济信息化联席会议第三次会议上提出的，目的是加速和推进农业和农村信息化，建立农业综合管理和服务信息系统。

10.2.1　金农工程的建设任务

金农工程由农业部牵头，国家计划委员会（现为国家发展和改革委员会）、国家粮食局（现为国家粮食和物资储备局）、中央农村工作领导小组办公室等部门配合，具体的建设任务：开发四个系统、整合三类资源、建设两支队伍、完善一个服务系统。

开发四个系统：①初步建成农产品市场预警系统。②完善农村市场服务系统。③启动农业科技信息联合服务系统。④推进农业管理服务系统。

整合三类资源：整合内部信息资源，建立稳定的涉农信息收集、沟通渠道，建立起与海关总署、国家粮食局、中华全国供销合作总社、国家计委、对外贸易经济合作部等涉农部门的信息支持协作机制，开发国际农产品生产贸易信息资源。

建设两支队伍：一支是高素质的农业信息管理服务队伍；另一支是农村信息员队伍。

完善一个服务网站：推进农业管理服务系统的建设与完善。

10.2.2　金农工程建设的阶段

"九五"期间，金农工程启动。金农工程第一阶段（1995—2000 年），1995 年农业部建立了"中国农业信息网"，并通过 DDN（digital data network，数字数据网络）方式接入国际互联网，农业部与地方政府联合建立了省级农业信息网络平台，并建成了科技教育信息网、畜牧兽医信息网、菜篮子信息网、花卉信息网、果业信息网、包装信息网等子网络。中国农业信息网实现了与国际和国内各省、市的网上信息交换，每天向全国发布电子信息快讯、市场动态分析和农业气象通报等重要信息，已成为农业综合信息发布的权威网站。1997 年 10 月，中国农业科技信息网由中国农业科学院建立并启动运行。目前，大部分农业高校已经进入中国教育和科研计算机网。

金农工程第二阶段（2000—2010 年）建设的主要内容是扩大信息采集点的规模，完善省级农业综合信息传输和处理中心，与金农国家中心的网络互联至少要达到 64kb/s 以上速率，将第一阶段的中心建设内容扩展至省级。金农工程建设取得了明显进展：①农业网络建设初具规模，构建了以农业部为中心，连接 31 个省（区、市）农业厅局的信息网络平台，形成了初具规模的全国农业信息网络。②农业信息资源得到一定程度的开发利用，如国家农业科学数据共享平台（http：//www. agridata. cn/Tbshome2/default. asp）重点整合作物科学、动物科学和动物医学，农业科技基础数据、农业资源与环境、农业生物技术与生物安全、农业信息与科技发展、水产科学、热作科学等科学数据。③面向社会和农民的农业信息与技术服务取得一定进展。省级农业部门和一些地、县建立了农村综合经济信息中心和信息平台，基层信息服务站建设速度大大加快。金农工程第二阶段一期建设，从 2003 年开始，2005 年结束。其中 2002 年 10 月，农业部信息中心组织并通过的《农业综合数据采集系统解决方案》（建立中央系统和省、直辖市、自治区分系统）建设是本期重要任务。2004 年 5 月，农业部全国农业技术推广服务中心组织并通过的《农技推广实例数据库建库方案》，将开发农技推广实例软件系统，使实用技术信息更好地为农业生产服务，也列入本期建设项目。要成立专门的调研小组，制订调研计划，要广泛调研种植业、畜牧业、渔业、农机、乡镇企业等农口各行政单位需求，要注重听取基层农业部门业务发展需要。要立足当前又要谋划长远，在理清思路、明确目标、系统梳理业务需求的基础上，形成本省金农工程二期需求分析报告。部金农办将组织有关人员，在充分吸收各省意见基础上，编制完成全国金农工程二期项目建议书。各省要从推动农业行政管理科学发展的高度，深刻认识金农工程建设的重要性，切实强化金农工程项目组织领导工作。金农工程建设管理机构要充分发挥作用，切实承担起金农工程组织领导职责。要不断争取有关领导和部门对农业信息化工作的重视和支持，要密切联系业务部门，加强沟通和了解，推动尽快形成业务部门和信息化管理部门协同推进的工作格局。

10. 3　CALIS 与 CALIS 全国农学文献信息中心

　　CALIS 即中国高等教育文献保障系统，是一个广域网络环境下的文献信息共享的服务系统，以中国教育与科研计算机网为依托，利用现代信息技术，建设全国性文献信息服务中心和地区性文献信息服务中心，连接进入"211 工程"的各高校图书馆，面向全国普通高校服务。CALIS 的具体建设项目包括三级服务框架建设、文献数据库建设、关键技术研究等。其中，CALIS 的"全国性文献信息服务中心—地区性文献信息服务中心—高校图书馆"三级保障结构是 20 世纪 70 年代末期之后我国图书馆信息资源共享的第一个较为完备的全国性解决方案。"九五"期间，设在北京大学的 CALIS 项目管理中心联合参建单位,建设了文理、工程、农学、医学 4 个全国性文献信息服务中心,华东北、华东南、华中、华南、西北、西南、东北 7 个地区性文献信息服务中心和一个东北地区国防信息中心,发展了 152 个高校图书馆。

CALIS 全国农学文献信息中心作为 CALIS 与中国农业信息网的连接点,扩大文献共享的范围,同时又作为同类院校图书馆的协作牵头单位,开展相应的资源共享活动。CALIS 全国农学文献信息中心是在中国农业大学原有文献资源和网络条件的基础上,通过 CALIS 项目建设,使其成为拥有相对较丰富的国内外农业文献数据库资源,建立良好的与农业系统图书情报机构网络连接,并能提供较强的网上检索与文献传递服务。CALIS 全国农学文献信息中心建设目标和重点建设内容包括:重点引进一批国内外农业二次文献数据库,提供网上或代检服务;连接农业系统网络,充分利用农业系统图书情报机构的文献信息资源,为全国高校服务;建设书目、期刊目次、论文、会议等二次文献数据库,以现有农业特色收藏为基础,依靠农业院校重点学科,建立农业特色数据库,为全国农业教学、科研服务;在文献保障体系内提供快速、高效的文献传递与互借服务,为文献资源共享做贡献。

10.4　国家科技图书文献中心国家农业图书馆

国家科技图书文献中心是科学技术部下属的虚拟型国家科技文献信息中心。国家科技图书文献中心国家农业图书馆,即中国农业科技文献与信息服务平台,是国家科技图书文献中心的组成部分之一,承担全国农业中心图书馆的任务,是全国农业文献收藏、加工、检索和利用的中心,国际农业研究信息系统(AGRIS)国家中心。该中心馆藏的主体是农业科学、农业经济及与农业关系密切的生物科学书刊。馆藏的重点是农业期刊。收集外文期刊达 2 130 种,占全国外文农业期刊总量 4 000 余种的 50% 以上,约占世界农业与相关学科连续出版物的 14%,占世界农业期刊的 20% 左右。基本实现了可满足 80% 用户需求的文献信息存储。孤本刊 1 086 种,是我国农业科研、教育领域的唯一文献源。截至 2002 年底,馆藏各类型文献总量 30 余万种 208 万余册,其中古农书、地方志等 3 494 种 19 165 册。国内外大型电子数据库 20 余种;农业声像及多媒体电子产品 300 余种 1 000 余份。近年来,自建的中国(中文)农业文献文摘及题录数据库已有数据 60 万余条,外文文摘数据库已有数据 53 万余条,年递增数据各 16 万条,中外文馆藏书(刊)目录数据 10 万条,年增新书刊记录 4 万条。它们是中国农业文献的重要数据资源。外文连续出版物目次数据约 22 000 页,可进行实时网络浏览。科技部农业科技基础数据库建设投资 400 余万元,建立的农业科学研究信息数据库群包括 27 个续建库和 5 个新建库,如重点农业科研领域全文数据库、农业科技检索信息数据库、农业科学著作信息库、农业科研方法(工具)数据库、饲料信息数据库、植物保护信息数据库、农业基本资源与环境图形数据库、全国主要农作物节水灌溉基础数据库、全国土壤肥料基础数据库、食物与营养数据库、农村社会与经济数据库、世界农业科技动态与进展数据库等。此外,还引进了世界三大农业数据库——ACRICOLA、AGRIS、CABI 及数十种国内外电子数据库,在农业文献检索服务中发挥着十分重要的作用,并通过因特网与国外主要农业信息系统、国内 ChinaInfo、ChinaNet 等联网,进一步扩大了电子文献信息资源,构筑了国家级农业文献保障体系,强化了农业文献服务功能。与全国 30 多个省农业科学院和 60 多所农业高校计算机网连接,形成了一个覆盖全国的信息资源保障体系。2002 年启动了"国家农业数字化图书馆研建项目",由全国农业文献信息机构共同参与、联合共建数字化图书馆。

10.5 农村社区图书馆

农村社区图书馆是指建立在农村社区之内的,根据社区居民需要,通过对文献信息及其来源进行选择、收集、加工提供给社区居民使用的社区信息交流中心。根据 2005 年底开展的全国 1‰人口抽样调查的统计数据显示,至 2005 年 10 月底止,全国 31 个省、自治区、直辖市的总人口为 130 628 万人,其中居住在乡村的人口 74 471 万人,占总人口的 57.01%。可见,我国的大部分人口还是生活在农村,他们构成了世界上规模最大的农村受教育群体,建设农村社区图书馆是满足农民文化需求、普及文化知识和提高全民素质的直接而有效的途径之一。但是,由于我国各地经济发展水平不平衡,农村社区图书馆建设情况也存在较大的差异。从全国范围来看,东南沿海地区因为经济基础较好,其农村社区图书馆的建设数量、规模、资金投入、藏书量等与西部地区特别是边远贫困地区有较大的差别,大大超前于全国的平均水平。例如,深圳市福田区皇岗村图书馆建设投资了 800 多万元,馆舍 800 多平方米,藏书 15 万册,全市达标的 271 家农村社区图书馆都安装了先进的图书馆自动化系统并制订了规范全市社区图书管理的《深圳市社区(村级)图书馆业务规范》。这种比较正规的农村社区图书馆毕竟只是少数，很多农村社区图书馆的建设停滞不前，甚至有相当一部分农村社区没有自己的社区图书馆（室）。因此，要大力发展农村社区图书馆，首先要提高政府对农村社区图书馆的重视程度，扩大政府对农村社区图书馆的投资，并在全社会范围内为农村社区图书馆寻找经费来源，从而建立适应农村社区图书馆发展的管理模式，有计划、有步骤地逐步建立起农村社区图书馆的网络，解决好各种细化问题，如农村社区图书馆文献信息资源采集、利用问题；农村社区图书馆的人员及组织的管理问题等，实现农村社区图书馆的繁荣与发展。

10.6　上海都市型"数字农业"

2000 年，我国发布了《农业科技发展纲要（2001—2010 年）》，将"数字农业"放在农业信息技术的首要位置。"数字农业"又叫精细农业或信息农业。它反映了农业现代化的大趋势，成为 21 世纪农业的崭新模式。我国农村对"数字农业"的认识尚处于初始阶段，但政府对此已予以高度重视。例如，上海市政府明确提出要求，上海应加快"数字农业"的研究和建设。目前，上海市建成了上海农业网、上海科技网等网站；建成了菜篮子、食用菌、农业专家、农业科技期刊等一批公共数据库和专业数据库；"千村通"工程基本实现。据统计，2001 年已完成 1 157 个行政村的光缆铺设；上海市各农业单位在市郊农场建立了用 GPS 和遥感控制农业机械操作的试验基地。上海市在网络建设、数据库建设、农业信息人才队伍建设方面均初具规模，为发展"数字农业"奠定了基础并取得一定的成效。除上海市之外，我国还在新疆和北京等地分别建立了用 GPS 和遥感控制农业机械操作的试验地。

10.7　北京农业信息网络服务体系

北京农业信息网络服务体系是北京市农林科学院信息技术研究中心通过反复研究比较、规划并组织实施，先后建成以北京农业信息网、北京农业远程教育及信息服务示范工程现代化科技平台为主体，以编辑发行书、刊、报、科技资料等传统体系为补充的信息网络体系。北京农业信息网是在原北京科教信息网"科教兴农"栏目基础上，于 2000 年 8 月正式开通。主页上设置了 26 个一级栏目和 32 个二级栏目；构建了 14 个农业网络数据库；可查询链接到国内外

2 052 个农业相关网站。网站发布的信息完整、更新及时，反映了当前的最新信息，信息来源权威性强。用户利用搜索引擎能方便、快捷地进入北京农业信息网站，及时了解和获取有关信息。北京农业信息网站与国外各大农业信息网站建立链接，实现了资源共享，极大地丰富了农业信息资源的来源，促进了信息的交流和北京市农业科学技术的传播和扩散。通过网站建设，建成了北京农业动态信息资源库，拥有网上信息量 10 万余条（包括多媒体信息、文本、图片等静态信息），100Gb 的数据量，日访问量 3 000 人左右，其内容涉及农业综合科学、生物技术、信息技术等 20 多个领域。北京农业信息网的信息源包括权威性农业机构、印刷型文献信息资源、电子型（数字化）文献信息资源、网络信息资源，实现了农业信息资源建设的两个转变：一是加速由以传统的资料文献服务方式为主向以现代化的电子信息服务方式为主转变；二是由封闭型向全方位开放型转变。北京农业信息网的宗旨是以市场需求为导向，立足北京，面向全球，充分利用首都农业科技资源，以服务农业、农村、增加农民收入为主线，为各级政府、科技人员及广大农民提供精品信息，强化信息的深度开发和综合利用，突出辅助决策，引导经营的功能。以此为出发点，北京农业信息网将北京的农产品及相关产品推向全球，网站通过采集国内外的农业科技信息、市场信息和生产信息及国内外农贸价格信息等，为北京的农业生产、农业科技进步、农产品销售服务。同时，北京农业信息网向国内外宣传北京的农业发展信息，促进北京农产品在全球范围内的销售。在由中国-欧洲联盟农业技术中心、农业部信息中心和中国电子商务协会联合举办的"2001 年国际农业信息研讨会暨中国优秀农业网站评选"活动中，荣获全国优秀农业教育网站奖。

北京市农业远程教育及信息服务示范工程是在北京市政府大力支持下，经北京市科学技术委员会批准，由北京市农林科学院农业科技信息技术研究中心承建的工程。此项工程自 2001 年 4 月实施以来，现已在北京市 14 个区（县）建立了 200 个卫星接收小站，在京郊农村基层组织，完成了 140 个远程信息服务站点的建设，并在快速地增加站点。在全国部分省、市及北京各区（县）建立了 200 余个教育站点。至 2001 年 12 月 20 日，北京农业信息网农业远程教育多媒体点播系统可向用户提供农业技术多媒体课件 524 项，涉及领域有农药、生物、肥料、转基因动植物、水产技术、园林花卉、瓜果蔬菜、特种养殖等。

北京农业信息网络服务体系的建设和信息服务逐步成为农民学习农村实用技术信息的好帮手，形成了以北京市农林科学院信息技术研究中心为龙头，由市、区（县）、乡镇、村为主体组成的四位一体的信息服务体系；基本搭建成北京农业信息全方位服务体系的框架，打造了一支多学科、多专业、多层次的"网络体系"和"服务体系"建设的人才队伍，为京郊农业的跨越式发展提供了有效的信息支撑，为京郊农业现代化插上了腾飞的翅膀。

10.8　江苏农业信息化建设

江苏是我国经济发展较快的省份之一，为进一步提高农村信息化水平，提高农民整体素质，创造先进的信息化环境，力争达到率先实现农业现代化的目标，做了如下工作。

10.8.1　农业信息网络体系建设

江苏农业信息网络体系建设始于 20 世纪 90 年代，21 世纪进入快速发展时期，逐步形成了农业科技教育网、农业政务网、农村综合科技网、农业企业网四大农村信息网络体系。

1. 农业科研院所、农业高等院校主办的农业科技教育网

由江苏省农业科学院主办、1997 年建成开通的江苏农业科技信息网目前已成为在全省内外有一定影响的省级农业科技网站，2004 年被评为全国农业网站 100 强。其他涉农科技教育网站较有影响的还有南京农业大学网站等。

2. 政府主导的农业行政机构主办的农业政务网

江苏省农业信息网于 1998 年建成，在江苏省"农业三项更新工程"建设项目的支持下，经过 5 年的建设，全省 13 个市级、75 个县、市、区级农业网站全面建成并联网，各市和大多数县（市）农业部门建立了农业信息工作机构，配备了工作人员，一半以上的乡镇建立了农业信息服务机构，已逐步形成从省级中心站到市（县）农业主管部门的农业信息网络体系。

3. 省科技主管部门推动建设的农村科技信息网

目前，全省所有的市、县科技局及部分乡镇均建有科技信息网或科技信息站。

4. 农业企业推动建设的农业企业网

以农业企业和各种地方特色产品为标志的专业类网站已开通江苏农产品大市场网，实现了江苏农产品大市场网与全省主要农产品批发交易市场、涉农企业、农民营销大户、农村合作经济组织等的网上信息双向交流。

10.8.2 农村科技信息服务体系建设

"十五"以来，以实施科学技术部"江苏省农村信息化建设与示范"项目为重点，截至目前，完成"中国星火计划·江苏"主网站建设和江苏省农业科学院、南京农业大学、南京林业大学及多个市、县分网站的建设，建成了 10个农村科技信息化示范点及一些大型农业科技信息资源数据库、农业决策支持系统、农业专家系统、农产品市场信息采集发布系统、组建了农业咨询专家队伍和农村经纪人队伍。

10.8.3 现代农村远程教育工程建设

江苏省农业科学院于 2003 年 9 月正式启动江苏省农村星火科技远程培训建设项目，江苏成为全国第一批农村远程培训示范省份之一。江苏农村远程教育工程以江苏农村远程教育网为辅助教学网（http：//www.jsrde.cn），进行专家咨询、答疑，提供各种科技信息、视频点播及各种业务联系，实现中心站与分布在广大农村基层的单向接收站点之间的交互功能。2005 年，江苏省科学技术厅把农民远程教育列为促进农民增收的"51880 科技富民行动"计划，重点在 10 个县市推广应用远程教育技术，开展农民科技培训，帮助农民应用先进的农业实用技术，增加农民收入。江苏农业信息化建设的主要目标是：建立起以信息技术为支撑、以信息资源开发、整合为基础，以省、市的信息服务网络为平台，以信息技术与农业专业有机融合为载体，以信息服务为核心，以农业和农村经济监测预警、市场监管和公共信息服务为主要功能的科学、完备、高效、权威的农业信息服务体系。

此外，我国的广东、湖南、云南、福建、吉林、天津、内蒙古等省（市、区）在农业信息网络建设与信息资源建设等方面都进行了很多有益的探索与实践，并积累了不少成功的经验。

11　本书的相关概念及名词解释

11.1　互联网

11.1.1　互联网的起源与发展

互联网的出现是人类通信技术的一次革命。

互联网是由多个计算机网络相互连接而成，而不论采用何种协议与技术的网络。互联网起源于 1969 年美国国防部 ARPA（advanced research projects agency，高级计划研究署）支持的计算机实验网络 ARPAnet。

互联网技术大体上经历了三个时间阶段的演进。但这三个阶段在时间划分上并非截然分开而是有部分重叠的，网络的演进是逐渐的而不是突然的。互联网的发展历程如下：

第一阶段：互联网始于 1969 年，是美军在 ARPA net 制定的协定下将位于美国西南部的加利福尼亚大学洛杉矶分校、斯坦福大学研究学院、加利福尼亚大学圣芭芭拉分校和犹他州大学的四台主要的计算机连接起来形成的网络。互联网最初设计是为了能提供一个通信网络，即使一些地点被摧毁网络也能正常工作。如果大部分的直接通道不通，路由器就会指引通信信息经由中间路由器在网络中传播。最初的网络是为计算机专家、工程师和科学家提供服务的。当时的计算机还没有细分家庭计算机、办公计算机等，并且任何一个使用它的人，都不得不学习非常复杂的系统。随着 TCP/IP 协议的发展，互联网在 20 世纪 70 年代迅速发展起来。1983 年，ARPA net 的网络核心协议改为 TCP/IP 协议。1983 年，世界各国普遍采用了 ICP/IP 协议。

第二阶段：1978 年，UUCP（UNIX 和 UNIX 拷贝协议）在贝尔实验室被提出来，1979 年，在 UUCP 的基础上新闻组网络系统发展起来。新闻组（集中某一主题的讨论组）紧跟着发展起来，它为在全世界范围内交换信息提供了一个新的方法。然而，新闻组并不被认为是互联网的一部分，因为它并不共享 TCP/IP 协议。新闻组连接着遍布世界的 UNIX 系统，在很多互联网站点中得到了充分的利用。新闻组是互联网发展中的非常重要的一部分。BITNET 是一种连接世界教育单位的计算机网络，于 1981 年开始提供邮件服务，提供电子邮件传递和邮件讨论列表，形成了互联网发展中的又一个重要部分。1989 年 Peter Deutsch 等为 FTP 站点建立了一个档案，后来命名为 Archie。Archie 能周期性地到达所有开放的文件下载站点，列出其文件并且建立一个可以检索的软件索引。大约在同一时期，Brewster Kahle 发明了 WAIS（wide area information service，广域网信息服务），WAIS 能够检索一个数据库下所有文件和允许文件检索。

第三阶段：1991 年，第一个连接互联网的友好接口在 Minnesota 大学被开发出来。当时，Minnesota 大学希望开发一个简单的菜单系统，该系统可以通过局域网访问校园网的文件和信息。客户－服务器体系结构的倡导者们很快开发了一个先进的示范系统——Gopher。Gopher 被证明是非常好用的，它不需要利用 UNIX 和计算机体系结构的知识。在一个 Gopher 里，用户只需要输入一个数字，选择想要的菜单选项即可。类似的单用户的索引软件 JUG-HEAD（Jonays Universal Gopher hierachy excavation and display）也被开发出来。1989 年，欧洲粒子物理实验室的 Tim Berners 和他的团队成员提出了一个分类互联网信息的协议。1991 年后这个协议被称为 World Wide Web（基于超文本协议——在一个文字中嵌入另一段文字的连接的系统），当用户阅读这些页面的时候，可以随时用他们选择一段文字链接。尽管它出现在 Gopher 之前，但发展十分缓慢。

互联网最初是由政府部门投资建设的，所以它最初只是限于研究部门、学校和政府部门使用。除了以直接服务于研究部门和学校的商业应用之外，其他的商业行为是不允许的。20 世纪 90 年代初，独立的商业网络开始发展起来，这种局面才被打破。这使从一个商业站点发送信息到另一个商业站点而不经过政府资助的网络中枢成为可能。

随着微软公司全面进入浏览器、服务器和互联网服务提供商（ISP）市场，实现了基于互联网的商业公司。1998 年，微软公司的浏览器和 Win98 集成并应用于计算机系统，从此互联网进入了迅速发展壮大的时期。

11.1.2 互联网的结构形式

互联网的拓扑结构虽然很复杂，并且在地理上覆盖了全球，但从其工作方式上看可以划分为边缘部分和核心部分。

1. 边缘部分

边缘部分是由所有连接在互联网上的主机组成。这部分是用户直接使用的，用来进行通信（传送数据、音频和视频）和资源共享。边缘部分利用核心部分所提供的服务，使众多主机之间能够相互通信并交换和共享信息。

2. 核心部分

核心部分由大量网络和连接这些网络的路由器组成。核心部分是为边缘部分提供连通性和交换服务的。核心部分是互联网中最复杂的部分，因为网络中的核心部分要向网络边缘中的大量主机提供连通性，使边缘部分中的任何一个主机都能向其他主机通信。在核心部分起特殊作用的是路由器，路由器是一种专用计算机。如果没有路由器，再多的网络也无法构建成互联网。路由器是实现分组交换的关键构件，其任务是转发收到的分组，这是网络核心部分最重要的功能。

（1）电路交换

从通信资源的分配角度来看，交换就是按照某种方式动态地分配传输线路的资源。在使用电路交换打电话之前，必须先拨号建立连接。当拨号的信令通过许多交换机到达被叫用户所连接的交换机时，该交换机就向被叫用户的电话机振铃。在被叫用户摘机且摘机信令传回到主叫用户所连接的交换机后，呼叫即完成。这时，从主叫端到被叫端就建立起了一条连接（物理通信）。这条连接占用了双方通信时所需的通信资源，而这些资源在双方通信时不会被其他用户占用，此后主叫和被叫双方才能互通电话。正是因为这个特点，电路交换对端到端的通信质量有可靠的保障。通话完毕挂机后，挂机信令告诉这些交换机，使交换机释放刚才使用的这条物理通路（即归还刚才占用的所有通信资源）。这种必须经过"建立连接（分配通信资源）——通话（占用通信资源）——释放连接（归还通信资源）"三个步骤的交换方式称为电路交换。

当使用电路交换来传送计算机数据时，其线路的传输效率往往很低。这是因为计算机数据是突发式地出现在传输线路上的，因此线路上真正用来传送数据的时间占比往往不到 10% 甚至 1%。实际上，已被用户占用的通信线路在绝大部分时间里都是空闲的。例如，当用户阅读终端屏幕上的信息或用键盘输入和编辑一份文件时，或计算机正在进行处理结果尚未返回时，宝贵的通信线路资源并未被利用而是被浪费了。

（2）分组交换

分组交换采用存储转发技术。通常，我们把要发送的整块数据称为一个报文。在发送报文之前，先把较长的报文划分成为一个个更小的等长数据段，在每一个数据段前面加上一些必要的控制信息首部后，就构成了一个分组。分组又称为"包"，而分组的首部也可称为"包头"。分组是在互联网中的传送的数据单元。

分组中的"首部"是非常重要的，正是由于分组的首部包含了诸如目的地址和源地址等重要控制信息，每一个分组才能在互联网中独立地选择传输路径。

主机和路由器都是计算机，但它们的作用不一样。主机是用户用来处理信息的，并且可以和其他主机通过网络交换信息。路由器则是用来转发分组的，即进行分组交换的。路由器收到一个分组，先暂时存储下来，再检查其首部，查找转发表，按照首部中目的地址找到合适的接口转发出去，把分组交给下一个路由器。这样一步步（有时会经过几十个不同的路由器）以存储转发的方式，把分组交付到最终的目的主机。各路由器之间必须经常交换彼此掌握的路由信息，以便创建和维持在路由器中的转发表，使得转发表能够在整个网络拓扑发生变化时及时更新。

11.1.3 互联网接入技术

互联网接入技术很多，除了最初的拨号接入外，目前广泛应用的宽带接入技术具有不可比拟的优势和强劲的生命力。宽带是一个相对于窄带而言的电信术语，为动态指标，用于度量用户享用的业务带宽，目前宽带在国际上还没有统一的定义。一般而论，宽带是用户接入传输速率达到 2Mb/s 及以上、可以提供 24 小时在线的网络基础设备和服务。

宽带接入技术主要包括以现有电话网铜线为基础的 xDSL 接入技术、以电缆电视为基础的混合光纤同轴电缆（hybrid fiber coax，HFC）接入技术、以太网接入技术、光纤接入技术等多种有线接入技术，以及无线接入技术。总之，各种接入方式都有其自身的优势和劣势，不同用户应该根据自己的实际情况做出合理选择。目前还出现了两种方式综合接入的趋势，如 FTTx＋ADSL、FTTx＋HFC、ADSL＋WLAN（无线区域网）、FTTx＋LAN 等。

1. ADSL 接入技术

ADSL（asymmetric digital subscriber line，非对称数字用户环路）接入技术是一种数据传输方式。它因上行和下行带宽不对称而得名。它采用频分复用技术把普通的电话线分成了电话、上行和下行三个相对独立的信道，从而避免了相互之间的干扰。ADSL 接入技术为家庭和小型业务提供了宽带、高速接入互联网的方式。

基本原理：传统的电话线系统使用的是铜线的低频部分（4kHz 以下频段）。而 ADSL 采用 DMT（discrete multi‐tone，离散多音频）技术，将原来电话线路 4kHz 到 1.1MHz 频段划分成 256 个频宽为 4.312 5kHz 的子频段。

其中，4kHz 以下频段仍用于传送 POTS（plain old telephone service，传统电话业务），20kHz 到 138kHz 的频段用来传送上行信号，138kHz 到 1.1MHz 的频段用来传送下行信号。DMT 技术可以根据线路的情况调整在每个信道上所调制的比特数，以便充分地利用线路。一般来说，子信道的信噪比越大，在该信道上调制的比特数越多。如果某个子信道信噪比很大，则弃之不用。目前，ADSL 接入技术可达到上行 640kb/s、下行 8Mb/s 的数据传输率。

ADSL 技术的主要特点如下：①一条电话线可同时接听电话、拨打电话并进行数据传输，两者互不影响；②虽然使用的还是原来的电话线，但 ADSL 技术传输的数据并不通过电话交换机，所以利用 ADSL 技术上网不需要缴付额外的电话费；③ADSL 技术的数据传输速率是根据线路的情况自动调整的，它以"尽力而为"的方式进行数据传输。

2. HFC 接入技术

HFC 是一种经济实用的综合数字服务宽带网接入技术。HFC 接入技术的实现通常需要光纤干线、同轴电缆支线和用户配线网络三部分。HFC 接入技术在干线上用光纤传输光信号，在前端需完成电—光转换，进入用户区后要完成光—电转换。

HFC 接入技术的主要特点如下：①传输容量大，易实现双向传输，从理论上讲，一对光纤可同时传送 150 万路电话或 2 000 套电视节目；②频率特性好，在有线电视传输带宽内无须均衡；③传输损耗小，可延长有线电视的传输距离，25 千米内无须中继放大；④光纤间不会有串音现象，不怕电磁干扰，能确保信号的传输质量。HFC 接入技术的网络拓扑结构也有些不同：第一，光纤干线采用星形或环状结构；第二，支线和配线网络的同轴电缆部分采用树状或总线式结构；第三，整个网络按照光结点划分成一个服务区。这种网络结构可满足为用户提供多种业务服务的要求。随着数字通信技术的发展，特别是高速宽带通信时代的到来，HFC 接入技术已成为现在和未来一段时期内宽带接入的最佳选择。

HFC 网络能够传输的带宽为 750～860MHz，少数达到 1GHz。根据原邮电部 1996 年意见，其中 5～42/65MHz 频段为上行信号占用，50～550MHz 频段用来传输传统的模拟电视节目和立体声广播，650～750MHz 频段传送数字电视节目、VOD 等，750MHz 以后的频段留着以后技术发展用。

3. 光纤接入技术

光纤接入技术是指在接入网中全部或部分采用光纤传输介质，构成光纤环路（fiber in the loop，FITL），实现用户高性能宽带接入的一种方案。

光纤接入网（optical access network，OAN）是指在接入网中用光纤作为主要传输媒介来实现信息传输的网络形式，它不是传统意义上的光纤传输系统，而是针对接入网环境所专门设计的光纤传输网络。

由于光纤接入网使用的传输媒介是光纤，因此根据光纤深入用户群的程度，可将光纤接入网分为 FTTC（Fiber‐To‐The‐Curb，光纤到路边）、FTTZ（Fiber To The Zone，光纤到小区）、FTTB（fiber to the building，光纤到大楼）、FTTO（fiber to the office，光纤到办公室）和 FTTH（fiber to the home，光纤到户），它们统称为 FTTx。FTTx 不是具体的接入技术，而是光纤在接入网中的推进程度或使用策略。

4. 无线接入技术

无线接入技术是指从业务节点到用户终端之间的全部或部分传输设施采用无线手段，向用户提供固定和移动接入服务的技术。采用无线通信技术将各用户终端接入核心网的系统，或者是在市话局或远端交换模块以下的用户网络部分采用无线通信技术的系统都称为无线接入系统。由无线接入系统所构成的用户接入网称为无线接入网。

无线接入技术按接入方式和终端特征通常可分为固定无线接入技术和移动无线接入技术两类。

固定无线接入技术是指从业务节点到固定用户终端采用无线接入方式的技术，用户终端不含或仅含有限的移动性。固定无线接入技术是用户上网浏览及传输大量数据时的必然选择。

移动无线接入技术是指用户终端移动时采用的接入技术。采用移动无线接入技术的网络包括移动蜂窝通信网、无线寻呼网、无绳电话网、集群电话网、卫星全球移动通信网及个人通信网等。

11.2 数据库与数据融合

11.2.1 数据库

1. 数据库概述

在生产和生活的每时每刻都有大量的数据产生，数据已成为一种需要被管理和加工的重要的资源。如何实现对数据的科学收集、整理、存储、加工、传输是人们长期以来十分关注的问题。数据处理是指对原始数据进行上述活动的技术。数据处理的目的是从大量的数据中获得所需的资料，提取有用的数据成分作为判断决策、优化管理、补充知识的依据。数据库是为了实现高效率的数据处理和数据的合理存储，它有利于数据相对于处理程序的独立性和数据的共享，并能保证数据的完整性和安全性。

数据库是统一管理的相关数据的集合，能被各种用户共享。人们收集并抽取出一个应用所需要的大量数据之后，应将其保存起来以供进一步加工处理，进一步抽取有用信息。在科学技术飞速发展的今天，数据量急剧增加。过去人们把数据存放在文件柜里，现在人们利用数据库科学地保存和管理大量复杂的数据。数据库中的数据按一定的数据模型组织、描述和存储，具有较小的冗余度、较高的数据独立性和易扩展性，并可为各种用户共享。

2. 数据库管理系统

数据库管理系统是管理数据库的软件系统，它由一组计算机程序构成，管理并控制数据资源。在计算机软件系统的体系结构中，数据库管理系统位于用户和操作系统之间。数据库管理系统是数据库系统的核心，主要用于实现对共享数据的有效组织、管理和存取。

3. 数据库的分类

关系数据库是建立在关系数据库模型基础上的数据库，它借助于集合代数等概念和方法来处理数据库中的数据。关系数据库是目前应用较广泛的数据库之一。

实时数据库是数据库系统发展的一个分支，是数据库技术结合实时处理技术产生的。

作为两种主流的数据库之一，实时数据库比关系数据库更胜任海量并发数据的采集、存储。面对越来越多的数据，关系数据库的响应会出现延迟甚至假死，而实时数据库不会出现这样的情况。这是数据库结构造成的性能差异。

实时数据库的一个重要特性是实时性，包括数据实时性和事务实时性。数据实时性是现场 IO 数据的更新周期，作为实时数据库，必须考虑数据实时性。一般数据的实时性主要受现场设备的制约，特别是对于一些开发较早的系统而言，情况更是这样。事务实时性是指数据库对其事务处理的速度。它可以是事件触发方式或定时触发方式。事件触发是指该事件一旦发生可以立刻获得调度，这类事件可以得到立即处理，但是比较消耗系统资源；而定时触发是指在一定时间范围内获得调度权。作为一个完整的实时数据库，从系统的稳定性和实时性而言，必须同时提供两种调度方式。

简单来说，实时数据库是对实时性要求高的时标型信息的数据库管理系统，它的主要功能包括：集成各种异构通信协议的数据源，形成统一的访问实时数据接口；完成对实时数据的集中海量存储；支持实时数据读写操作和历史数据的高效查询；提供实时计算、实时分析处理等功能；实时数据的组织和访问权限管理。

数据库理论与技术的发展极其迅速，其应用日益广泛。层次数据库、网状数据库、关系数据库在传统的管理事务型应用领域获得了极大的成功，而且数据库的应用正在向新的领域（如计算机辅助设计和制造、计算机集成制造系统、数据通信、电力调度、交通控制、物流跟踪、作战指挥、实时仿真等）扩展。对于上述应用，需要支持大量数据的共享和维护数据一致性的数据库管理系统（DBMS），同时需要具备实时处理能力以支持任务与数据的定时限制。此外，随着这些应用中海量时序数据访问的要求不断提高，对于数据库的便利性和响应速度也会有更高的要求。

11.2.2 数据融合

1. 数据融合的产生与发展

数据融合是针对多传感器系统提出的。在多传感器系统中，由于信息表现形式的多样性、数据量的巨大性、数据关系的复杂性，以及要求数据处理的实时性、准确性和可靠性，都大大超出了人脑的信息综合处理能力，在这种情况下，数据融合技术应运而生。数据融合最早由美国在 20 世纪 70 年代提出，之后英国、法国、日本、俄罗斯等国家也做了大量的研究。近年来，数据融合技术得到了巨大的发展，已被应用在多个领域，在现代科学技术中的地位也日益突出。

2. 数据融合的含义

数据融合又称信息融合或多传感器数据融合，是指利用计算机对按时间序列获得的若干观测信息，在一定准则下加以自动分析、综合，为完成所需的决策和评估任务而进行的信息处理技术。数据融合有 3 层含义。

其一，数据的全空间指的是包括确定和模糊、全空间和子空间、同步和异步、数字和非数字等各种形式的数据。这反映了数据的多样性和复杂性，需要相应的技术手段来处理和管理这些数据。例如，在数据挖掘中，需要使用不同的算法来处理确定和模糊的数据；在 GIS 中，需要考虑全空间和子空间的数据；在分布式系统中，需要支持同步和异步的数据交换；在人工智能领域，需要处理数字和非数字的数据等。

其二，数据的融合不同于组合，组合指的是外部特性，融合指的是内部特征，它是系统动态过程中的一种数据综合加工处理。

其三，数据的互补（包括数据表达方式的互补、结构上的互补、功能上的互补、层次上的互补）是数据融合的核心，只有互补数据的融合才可以使系统发生质的飞跃。

3. 数据融合的原理

数据融合技术的基本原理就像人脑综合处理信息一样，通过对多传感器及其观测信息的合理支配和使用，把多传感器在空间或时间上冗余或互补信息依据某种准则来进行组合，以获得被测对象的一致性解释或描述。数据融合的实质是针对多维数据进行关联或综合分析，进而选取适当的融合模式和处理算法，用以提高数据的质量，为知识提取奠定基础。

4. 数据融合的方法

利用多个传感器所获取的关于对象和环境全面、完整的信息，主要体现在融合算法上。因此，多传感器系统的核心问题是选择合适的融合算法。对于多传感器系统来说，信息具有多样性和复杂性，因此，对信息融合方法的基本要求是要有并行处理能力，还要有方法的运算速度和精度、与前序预处理系统和后续信息识别系统的接口性能、对不同技术和方法的协调能力、对信息样本的要求等。一般情况下，具有容错性、自适应性、联想记忆和并行处理能力的基于非线性的数字方法都可以用来作为数据融合方法。

数据融合虽然未形成完整的理论体系和有效的数据融合方法，但研究者在不少应用领域根据各自的具体应用背景，已经提出了许多成熟并且有效的数据融合方法。数据融合的常用方法基本上可概括为随机类数据融合方法和人工智能类数据融合方法两大类，随机类数据融合方法有加权平均法、卡尔曼滤波法、多贝叶斯估计法、D-S（Dempster-Shafer）证据推理法、产生式规则法等；而人工智能类数据融合方法则有模糊逻辑法、神经网络法等。

（1）随机类数据融合方法

1）加权平均法

信号级融合方法简单、直观的方法是加权平均法，该方法将一组传感器提供的冗余信息进行加权平均，其结果作为融合值。加权平均法是一种直接对数据源进行操作的方法。

2）卡尔曼滤波法

卡尔曼滤波法主要用于融合低层次实时动态多传感器冗余数据。该方法用测量模型的统计特性递推，决定统计意义下的最优融合和数据统计。如果系统具有线性动力学模型，且系统与传感器的误差符合高斯白噪声模型，则卡尔曼滤波法将为融合数据提供唯一统计意义下的最优估计。卡尔曼滤波法的递推特性使系统不需要大量的数据存储和计算。但是，采用单一的卡尔曼滤波器对多传感器组合系统进行数据融合时，存在很多严重的问题。例如，在多传感器组合系统信息大量冗余的情况下，计算量将以滤波器维数的三次方剧增，实时性将得不到满足；传感器子系统的增加使故障随之增多，在某一系统出现故障而没有来得及被检测出时，故障会污染整个系统，使可靠性降低。

3）多贝叶斯估计法

多贝叶斯估计法为数据融合提供了一种手段，它使传感器信息依据概率原则进行组合。测量不确定性以条件概率表示，当传感器组的观测坐标一致时，可以直接对传感器的数据进行融合，但大多数情况下，传感器测量数据要以间接方式采用贝叶斯估计法进行数据融合。

多贝叶斯估计将每一个传感器作为贝叶斯估计，将各个单独物体的关联概率分布合成一个联合的后验的概率分布函数，通过使用联合分布函数的似然为最小，提供多传感器信息的最终融合值，融合信息与环境的一个先验模型提供整个环境的特征描述。

4）D-S证据推理法

D-S证据推理法是贝叶斯推理法的扩充，其三个基本要点是基本概率赋值函数、信任函数和似然函数。D-S法的推理结构是自上而下的，可分为三级。第一级为目标合成，其作用是把来自独立传感器的观测结果合成为一个总的输出结果。第二级为推断，其作用是获得传感器的观测结果并进行推理，将传感器观测结果扩展成目标报告。这种推理的基础是，一定的传感器报告以某种可信度在逻辑上会产生可信的某些目标报告。第三级为更新，各传感器一般都存在随机误差，所以，在时间上充分独立地来自同一传感器的一组连续报告比任何单一报告可靠。因此，在推理和多传感器合成之前，要先组合（更新）传感器的观测数据。

5）产生式规则法

产生式规则法采用符号表示目标特征和相应传感器信息之间的联系，与每一个规则相联系的置信因子表示它的不确定性程度。在同一个逻辑推理过程中，两个或多个规则形成一个联合规则时，可以产生数据融合。应用产生式规则法进行数据融合的主要问题是每一个规则的置信因子的定义与系统中其他规则的置信因子相关，如果系统中引入新的传感器，需要加入相应的附加规则。

（2）人工智能类数据融合方法

1）模糊逻辑推理

模糊逻辑是多值逻辑，通过指定一个 0 到 1 之间的实数表示真实度，相当于隐含算子的前提，允许将多个传感器信息融合过程中的不确定性直接表示在推理过程中。如果采用某种系统化的方法对融合过程中的不确定性进行推理建模，则可以产生一致性模糊推理。与概率统计方法相比，逻辑推理存在许多优点：在一定程度上克服了概率论所面临的问题；对信息的表示和处理更加接近人类的思维方式；一般比较适合于在高层次上的应用（如决策）。但是，逻辑推理本身还不够成熟和系统化。此外，因为逻辑推理对信息的描述存在很大的主观因素，所以，信息的表示和处理缺乏客观性。

模糊集合理论对于数据融合的实际价值在于它外延到模糊逻辑，模糊逻辑是一种多值逻辑，隶属度可视为一个数据真值的不精确表示。在软件解决方案框架过程模型设计中，存在的不确定性可以直接用模糊逻辑表示，然后，使用多值逻辑推理，根据模糊集合理论的各种演算对各种命题进行合并，进而实现数据融合。

2）神经网络法

神经网络具有很强的容错性，以及自学习、自组织及自适应能力，能够模拟复杂的非线性映射。神经网络的这些特性和强大的非线性处理能力，恰好满足了数据融合的要求。在多传感器系统中，各信息源所提供的环境信息都具有一定程度的不确定性，对这些不确定信息的融合过程实际上是一个不确定性推理过程。神经网络根据当前系统所接受的样本相似性确定分类标准，这种确定方法主要表现在网络的权值分布上，同时，可以采用神经网络特定的学习算法来获取知识，得到不确定性推理机制。利用神经网络的信号处理能力和自动推理功能实现数据融合。

在实际应用中，选择哪种数据融合方法依具体的应用而定，并且，因为各种方法之间具有互补性，所以常将两种或两种以上的方法组合进行数据融合。

数据融合技术方兴未艾，几乎一切信息处理方法都可以应用于数据融合系统。随着传感器技术、数据处理技术、计算机技术、网络通信技术、人工智能技术、并行计算软件和硬件技术等相关技术的发展，新的、更有效的数据融合方法将不断被推出，数据融合必将成为未来复杂工业系统智能检测与数据处理的重要技术，其应用领域将不断扩大。数据融合不是一门单一的技术，而是一门跨学科的综合理论和方法，并且，是一个不很成熟的新研究领域，尚处在不断变化和发展过程中。

11.3 移动通信技术

移动通信是指通信双方中的一方或两方处于运动中的通信。也就是说，移动通信至少有一方具有可移动性，可以是移动台与移动台之间的通信，也可以是移动台与固定用户之间的通信。相比固定通信而言，移动通信网络具有覆盖广、建设成本低、部署方便、可移动等特点，因此满足了人们无论何时何地都能进行通信的愿望。未来移动通信网络将是泛在网最主要的接入手段之一。

11.3.1 移动通信的发展历史

移动通信开始于无线电通信的发明。在 1897 年，马可尼完成了固定站与一艘拖船之间的无线通信试验，距离为 18 海里（1 海里＝1 852 米）。现代移动通信的发展始于 20 世纪 20 年代，而公用移动通信是从 20 世纪 60 年代开始的。公用移动通信技术的发展经历了五代。

1. 第一代移动通信技术

第一代移动通信技术（1st generation mobile communication technology，1G）是模拟移动通信相对于之前的移动通信技术，1G 最重要的突破在于贝尔实验室提出的蜂窝移动通信的概念。蜂窝移动通信提出了小区制，实现了频率复用方式，提高了系统容量。1G 得益于 20 世纪 70 年代的两项关键技术突破，即微处理器的发明和交换及控制链路的数字化。1G 的应用以美国的 AMPS（IS-54）[①] 和英国的 TACS（total access communication system，全入网通信系统）为代表，采用频分双工、频分多址制方式，并利用蜂窝组网技术以提高频率资源利用率，克服了大区制容量受限问题。1G 的通话质量一般，保密性差；制式太多，标准不统一，互不兼容；不能提供非话数据业务；不能提供自

---

① AMPS 即 advanced mobile phone system，是高级移动电话系统。IS-54 是一个针对美国数字蜂窝网络的 EIA（Electronic Industries Alliance，电子工业协会）中间标准，这个标准是第一个允许用户数字信道在 AMPS 系统中的。

动漫游。因此，已逐步被各国淘汰。

2. 第二代移动通信技术

第二代移动通信技术（2nd generation mobile communication technology，2G）为数字移动通信系统，2G 应用的典型代表是美国的 DAMPS（digital AMPS，数字化高级移动电话系统）、IS－95 和欧洲的 GSM（global system for mobile communication，全球移动通信系统）。2G 是包括语音在内的全数字化技术，新技术体现在通话质量和系统容量的提升。GSM 是第一个商业运营的 2G 系统，GSM 采用时分多址方式。多址方式由频分多址转向时分多址和码分多址方式，双工方式仍采用频分双工。2G 采用蜂窝数字移动通信技术，具有数字传输的各种优点，它克服了 1G 的弱点，语音质量及保密性能得到了很大提高，可进行省内、省际自动漫游。但 2G 的带宽有限，限制了数据业务的发展，也无法实现移动的多媒体业务。由于各个标准不统一，全球漫游无法实现。

3. 第三代移动通信技术

第三代移动通信技术（3rd generation mobile communication technology，3G）是移动多媒体通信技术，提供多种类型、高质量的多媒体（包括语音、传真、数据、多媒体娱乐和全球无缝漫游等）业务。3G 的目标是能实现全球无缝覆盖，具有全球漫游能力；与固定网络的各种业务相互兼容，具有高服务质量；与全球范围内使用小型便携终端在任何时间任何地点进行任何类型的通信。为了实现上述目标，对第三代无线传输技术提出了支持高速多媒体业务的要求。3G 系统主要采用码分多址方式和分组交换技术。与 2G 系统相比，3G系统可支持更多的用户，实现更高的传输速率。

4. 第四代移动通信技术

第四代移动通信技术（4th generation mobile communication technology，4G）是继 3G 以后的又一次移动通信技术演进，其开发更加具有明确的目标性：提高移动装置无线访问互联网的速度。4G 支持交互多媒体业务、高质量影像、3D 动画和宽带互联网接入，是宽带大容量的高速蜂窝系统。4G 能够以100Mb/s 的速度下载，比拨号上网快 2 000 倍，上传的速度也能达到 20Mb/s，并能够满足几乎所有用户对于移动通信服务的要求。此外，4G 可以在 DSL 和有线电视调制解调器没有覆盖的地方部署，然后扩展到整个地区。

5. 第五代移动通信技术

5G 是第五代移动通信技术（5th generation mobile communication technology）的缩写，也是 4G 的延伸，是正在研究的移动通信技术。5G 网络的理论下行速度为 10Gb/s（相当于下载速度 1.25GB/s）。

2017 年工业和信息化部发布通知，正式启动 5G 技术研发试验第三阶段工作。

2018 年 6 月 13 日，3GPP 5G NR 标准① SA（standalone，独立组网）方案在 3GPP 会议上正式完成并发布，这标志着首个真正完整意义的国际 5G 标准正式出炉。

2018 年 6 月 14 日，3GPP 全会批准了 5G NR 独立组网功能冻结。加之 2017 年 12 月完成的非独立组网 NR 标准，5G 完成第一阶段全功能标准化工作，进入了产业全面冲刺新阶段。

2018 年 6 月 28 日，中国联通公司公布了 5G 部署。

2019 年 6 月 6 日，工业和信息化部正式向中国电信公司、中国移动公司、中国联通公司、中国广播电视网络集团有限公司发放 5G 商用牌照。

2019 年 10 月，5G 基站正式获得了工信部入网批准。

2022 年，我国已建成全球规模最大的 5G 网络。

11.3.2　移动通信的特点

其一，移动性。移动通信就是要保持物体在移动状态中的通信。移动通信必须是无线通信，或无线通信与有线通信的结合。因此，移动通信系统中要有完善的管理技术来对用户的位置进行登记、跟踪，使用户在移动时也能进行通信。

其二，电波传播条件复杂。移动台（mobile station，移动台）可能在各种环境中运动，如建筑群或障碍物等，因此电磁波在传播时不仅有直射信号，还会产生反射、折射、绕射、多普勒效应等现象，从而出现多径干扰、信号传播延迟和展宽等。因此，研究人员需要充分研究电波的传播特性，使移动通信系统具有足够的抗干扰能力，才能保证通信系统正常运行。

其三，噪声和干扰严重。移动台在移动时不仅受到城市环境中的各种工业噪声和天然噪声的干扰，还受到其他移动台的干扰（互调干扰、邻道干扰、同频干扰等）。这就要求在移动通信系统中对信道进行合理的划分和频率的复用。

---

① 3GPP 5G NR 标准：3GPP 即 3rd Generation Partnership Project，是第三代合作伙伴计划的英文缩写。NR 即 New Radio，是新型无线电的英文缩写。

其四，系统和网络结构复杂。移动通信系统是一个多用户通信系统和网络，必须使用户之间互不干扰。此外，移动通信系统还与固定网、数据网等互连，整个系统和网络结构是很复杂的。

其五，频率资源的有限。在有线网络中，带宽可以依靠多铺设电缆或光缆来提高。而在无线网中，频率资源是有限的，因此对无线频率的划分有严格的划定，这就要求移动通信技术的频带利用率高、设备性能好。

11.3.3 移动通信的分类

移动通信的种类繁多。其中，陆地移动通信有集群移动通信、蜂窝移动通信、无绳电话、无线寻呼、卫星移动通信等。

其一，集群移动通信。集群移动通信是指通信系统的可用信道为全体用户共用，具有自动选择信道功能的技术，是共享资源、分担费用、共用信道设备及服务的多用途和高性能的无线调度通信的技术。集群移动通信，也称大区制移动通信。它的特点是只有一个基站（base station，BS），用户数约为几十至几百，可以是车载台，也可以是手持台。它可以与基站通信，也可通过基站与其他移动台及市话用户通信。

其二，蜂窝移动通信。蜂窝移动通信也称小区制移动通信。它的特点是把整个大范围的服务区划分成许多小区，每个小区设置一个基站，该基站负责本小区各个移动台的联络与控制。各个基站通过移动交换中心相互联系，并与市话局连接。蜂窝移动通信利用超短波电波传播距离有限的特点，离开一定距离的小区可以重复使用频率，使频率资源可以充分利用。

其三，无绳电话。对于室内外慢速移动的手持终端的通信，一般采用小功率、通信距离近、轻便的无绳电话。它们可以经过通信点与其他用户进行单向或双向的通信。

其四，无线寻呼系统。无线电寻呼是一种单向传递信息的移动通信。它是由寻呼台发信息，寻呼机接收信息来完成的。

其五，卫星移动通信。卫星移动通信是利用卫星转发信号实现的移动通信，它可以实现国内、国际大范围的移动通信。对于车载移动通信可采用同步卫星，而对手持终端采用中低轨道的卫星通信系统较为有利。

11.3.4 移动通信网的系统构成

以数字蜂窝移动通信系统为例介绍移动通信网的系统构成。数字蜂窝移动通信系统结构如图 11－1 所示。

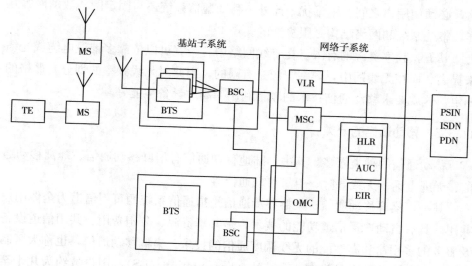

图 11－1　数字蜂窝移动通信系统结构

1. MSC

MSC（mobile－service－switching centre，移动义务交换中心）是数字蜂窝移动通信网络的核心。MSC 负责本服务区内所有用户的移动业务。具体来讲，MSC 有以下功能：①信息交换功能，为用户提供终端业务、承载业务、补充业务的接续；②集中控制管理功能，无线资源的管理，移动用户的位置登记、越区切换等；③通过关口 MSC 与公用电话网相连。

2. BS

BS（基站）负责和本小区内移动台之间通过无线进行通信，并与 MSC 相连，以保证移动台在不同小区之间移动时也可以进行通信。采用一定的多址方式可以区分小区内的不同用户。

BS 设备由传输设备、信号转换设备、天线与馈线系统（含铁塔）及机房内的其他设备组成。

3. MS

MS（移动台）即手机或车载台。它是移动网中的终端设备，要将用户的语音信息进行交换并以无线电波的方式进行传输。

4. 中继传输系统

中继传输系统是 MSC 之间、MSC 和 BS 之间的有线传输系统。

5. 数据库

移动网中的用户是可以自由移动的，即用户的位置是不确定的。因此，要对用户进行接续就必须掌握用户的位置及其他的信息，数据库即是用来存储用户信息的。数字蜂窝移动通信网中的数据库有归属寄存器（home location register，HLR）、鉴权认证中心（authentic center，AUC）、设备识别寄存器（equipment identity register，EIR）等。

参 考 文 献

薄平平，吴慧华，2012. 学科网络信息资源挖掘与整合的思考 [J]. 江西图书馆学刊，42
　（5）：55 - 57.

丁波涛，2018. 基于数据银行的 "一带一路" 信息资源整合研究 [J]. 情报理论与实践，
　41（12）：88 - 92.

丁楠，钟莉，潘有能，2017. 面向知识服务的图书馆信息资源整合研究 [J]. 图书馆研究
　与工作（8）：54 - 57.

杜伟，2012. 基于电子政务的交通信息资源整合研究 [D]. 成都：西南交通大学.

段雪茹，2017. 大数据环境下档案信息资源整合分析及提升策略 [D]. 沈阳：辽宁大学.

葛欣旭，吕燕，颜蕴，2015. 网络学术信息资源整合探究：以国外农业科技社团网站为例
　[J]. 图书馆理论与实践（1）：59 - 62.

郭诗云，2016. 用户需求视角下基于关联数据的学科信息资源整合模式研究 [D]. 南京：
　南京农业大学.

郭婷. 基于知识共享的中广核工程公司科技信息资源整合研究 [D]. 武汉：华中科技大
　学，2013.

黄鲲翔，2019. 数字图书馆网络信息资源整合及其技术分析 [J]. 河南图书馆学刊，39
　（2）：109 - 111.

黄如花，2005. 数字图书馆原理与技术 [M]. 武汉：武汉大学出版社.

黄雅萱，2015. 新疆中小型外贸企业信息资源整合研究 [D]. 乌鲁木齐：新疆大学.

金洁琴，赵乃瑄，2015. 网络社区驱动的高校图书馆信息资源流转与整合研究 [J]. 图书
　馆论坛，35（4）：69 - 74.

李世玲，2007. 信息资源门户与利用 [M]. 北京：中国大地出版社.

李雪梅，2012. 网络信息资源整合平台建设研究 [J]. 图书馆学研究（14）：52 - 55，84.

刘霁，2016. 腾讯网专题新闻整合增值研究 [D]. 保定：河北大学.

刘佳，2017. 网络环境下图书馆信息资源整合存在的问题与对策研究 [J]. 河南图书馆学
　刊，37（10）：90 - 91，105.

刘金玲，2012. 基于商业平台的信息资源整合研究 [J]. 图书馆理论与实践（7）：34 - 35.

刘征，2014. 基于社交网络的图书馆资源整合与服务研究 [J]. 图书与情报（6）：117 -
　119.

陆溯，谢珍，2018. 基于数字人文服务的高校图书馆信息资源整合研究［J］. 晋图学刊
　（2）：27－29，78.

路霞，2008. 高校图书馆信息资源整合模式探究［J］. 情报探索（1）：44－45.

马腾，2014. 基于云计算的政务信息资源整合与服务模式研究［J］. 福州大学学报（自然
　科学版），42（5）：700－704.

马文峰，2002. 数字资源整合研究［J］. 中国图书馆学报（双月刊）（4）：64－67.

蒙钰洁，2018."互联网＋"背景下的档案信息资源整合策略［J］. 兰台内外（8）：7－8.

孟歆，2014. 基于云计算的高校档案信息资源整合研究［J］. 兰台世界（35）：21－22.

潘芳莲，2002. 网络信息资源的组织方式研究［D］. 郑州：郑州大学.

孙晶，汤红娟，2014.Web 2.0视角下湖北地方文献信息资源整合研究［J］. 图书馆学刊，
　36（9）：23－26.

唐晓波，田杰，望俊成，2012. 基于语义网技术的企业信息资源整合研究［J］. 情报理论
　与实践，35（10）：42－46.

王东亮，2018. 大数据环境下高校数字图书馆信息资源整合研究［J］. 河南图书馆学刊，
　38（1）：49－50.

王芬芬，2016. 集装箱多式联运信息资源整合研究［D］. 北京：北京交通大学.

吴涛，2012. 基于企业架构的信息资源整合研究［D］. 大连：大连海事大学.

伍梦璇，2015. 基于ZH公司决策支持中的信息资源整合研究［D］. 成都：电子科技大学.

武磊，2012. 基于RSS技术的图书馆网络信息资源整合模式探究［J］. 情报探索（9）：
　101－103.

夏群群，2012. 浅谈网络环境下图书馆档案信息资源整合［J］. 兰台世界（35）：74－75.

夏日，王宗宝，2015. 近十年来我国信息资源整合研究综述［J］. 情报科学，33（2）：
　154－160.

徐金铸，2012. 网络环境下古籍数字化资源信息服务思考［J］. 兰台世界（35）：34－35.

许军林，2014. 面向区域创新的科技信息资源整合研究［J］. 新世纪图书馆（11）：9－13.

阎爽，2019. 公众文化需求视阈下的档案信息资源整合研究［D］. 哈尔滨：黑龙江大学.

余厚洪，2012. 网络环境下档案信息资源整合探究［J］. 档案管理（5）：37－39.

张海霞，2018. 图书馆整合网络信息资源的策略与方案研究［J］. 河南图书馆学刊，38
　（5）：120－121.

张立春，2012. 网络信息资源在高校教学科研中的优化研究［J］. 图书情报工作（S2）：
　110－111.

钟海莉，2022. 浅析网络环境下档案信息资源的整合［J］. 兰台内外（18）：50－52.

附录 调查问卷

填写问卷人的信息

1. 您的性别是（   ）。

    A. 男   B. 女

2. 您的年龄是（   ）。

    A. 25 岁以下   B. 25～35 岁   C. 36～45 岁   D. 46～55 岁

    E. 55 岁以上

3. 您的文化程度（   ）。

    A. 小学以下   B. 小学   C. 初中   D. 高中及以上

4. 您的职业是（   ）。

    A. 养殖户   B. 种植户   C. 农业管理人员

    D. 农业信息员   E. 普通农户   F. 其他职业

5. 您从事的行业是（   ）。

    A. 农业   B. 林业   C. 牧业   D. 副业

    E. 渔业   F. 水利业

6. 您的年收入是（   ）。

    A. 1 万元及以下   B. 1 万～2 万元   C. 2 万～3 万元   D. 3 万元以上

了解及使用信息设施的途径（多选）

1. 您家中的基础信息设施包括（   ）。

    A. 固定电话   B. 手机   C. 电视   D. 电脑

    E. 其他

2. 您家中的基础信息设施主要用途是（   ）。

    A. 了解新闻   B. 休闲娱乐   C. 工作需要   D. 教育需要

    E. 聊天交际

3. 您是通过（   ）上网。

    A. 家里电脑   B. 网吧   C. 手机   D. 电子阅览室

    E. 其他

4. 就您个人而言，在获取信息过程中遇到的困难是（　　　）。

　　A. 没有基础信息设施　　　　　　B. 有基础信息设施但不会使用

　　C. 不知道获取哪些信息

5. 您家庭平均每天使用电脑的时间为（　　　）。

　　A. 1 小时及以下　　B. 1～2 小时　　C. 2～3 小时　　D. 3 小时以上

6. 您最希望掌握的信息化技术是（　　　）。

　　A. 种养技术　　　　B. 生产经营　　　C. 文化知识　　　D. 信息技术

　　E. 其他

7. 您获取农业信息的渠道有（　　　）。

　　A. 同事、朋友　　　B. 电视、广播　　C. 报纸、杂志　　D. 网络

　　E. 其他

8. 您接受过的农业信息化方面的培训是（　　　）。

　　A. 农业部门组织的培训　　　　　B. 企业组织的培训

　　C. 行业组织的培训　　　　　　　D. 从未接受过培训

9. 您使用计算机网络获取信息的程度是（　　　）。

　　A. 不会　　　　　　B. 还行　　　　　C. 熟练　　　　　D. 运用自如

10. 您参加农业信息化技术培训的次数是（　　　）。

　　A. 0　　　　　　　B. 1～2　　　　　C. 3～4　　　　　D. 5 以上

11. 您登录农业信息网的频率是（　　　）。

　　A. 从未登录过　　B. 偶尔登录过　　C. 经常登录

　　D. 查找农业信息时才登录

12. 您最需要的信息是（　　　）。

　　A. 农业新技术　　B. 最新农业政策　C. 农业市场动态

　　D. 农业新品种信息　　　　　　　E. 其他

13. 您认为信息技术对农业发展的（　　　）方面有促进作用。

　　A. 农业经营市场化　　　　　　　B. 农业产品标准化

　　C. 农业生产规模化　　　　　　　D. 农业经济产业化

　　E. 现代农民知识化

14. 农业领域信息化发展的不利因素有（　　　）。

　　A. 农村信息化基础设施落后　　　B. 农业信息技术人才短缺

　　C. 农业信息技术普及应用难度大　D. 领导不重视

15. 您认为农业信息网站不吸引自己的原因有（　　　）。

A. 现状信息多，趋势信息少　　　　B. 信息滞后，更新太慢

C. 适应面窄，指导性不广　　　　　D. 前沿技术介绍的少

E. 有些信息不实用

16. 您（　　）为获取有用的农业信息而支付适当费用。

A. 愿意　　　　　　B. 不愿意

17. 您在生产经营中对信息的需求程度是（　　）。

A. 生产经营规模大，很需要信息

B. 家庭农业生产只为满足家庭口粮，无所谓信息有无

18. 您（　　）过应用信息增加收益的经历。

A. 有　　　　　　　B. 没有

19. 影响您对信息利用的因素有（　　）。

A. 文化水平　　　B. 针对性，信息要适合利用者的具体情况

C. 资金问题

20. 如果有农业信息化技术培训，您（　　）自费参加培训。

A. 愿意　　　　　　B. 不愿意

21. 一般情况您都在（　　）上网了解信息。

A. 自己家里　　　B. 单位里　　　　C. 网吧　　　　　D. 其他地方

22. 本县农业农村局、畜牧局（　　）专人负责信息服务工作。

A. 有　　　　　　　B. 没有

23. 您所在乡镇所属村庄具备连接互联网条件的比例是（　　　）。

A. 0　　　　　　　B. 20%以下　　　C. 20%～50%　　D. 50%以上

24. 您所在乡镇或者市（县）安装的信息化系统有（　　　）。

A. 市（县）企业经营管理信息系统　B. 乡镇企业管理信息系统

C. 能源及环境监测管理信息系统　　D. 栽培计算机模拟系统

E. 生产管理计算机辅助系统　　　　F. 生产计算机咨询系统

G. 生产管理模拟系统　　　　　　　H. 中国农电管理决策支持系统

I. 市（县）农业规划预测系统　　　J. 小麦玉米品种选育专家系统

K. 小麦计算机专家管理系统　　　　L. 水稻主要病虫害诊治专家系统

M. 农务通系统　　　　　　　　　　N. 农教通系统

O. 配方测土施肥专家系统　　　　　P. 其他（请说明系统名称）：＿＿

后　记

　　本书是作者在福建农林大学农业信息化专业的硕士学位论文的基础上扩展和丰富而来的。作者在拟定本书研究思路和写作框架时，得到了福建农林大学经济与管理学院谢向英、闽南师范大学图书馆陈添源、天津中德应用技术大学刘赟宇的指导，在项目申请过程中得到了闽南师范大学科研处汪永贵的悉心指导，陈添源还在百忙之中为本书作序，在此作者表示衷心的感谢！

　　作者在撰写书稿的过程中得到了爱人、父母、岳父母与兄嫂的理解和关心，在此向他们表示感谢！本书的出版还得到了闽南师范大学的项目资助，以及闽南师范大学图书馆、科研处和财务处同事的帮助，在此一并致以衷心感谢！

刘赜宇

2022 年冬